塔里木大学"十四五"规划特色教材

植物组织培养实验指导

胡超越　郝　娟　王彦芹　主编

中国农业科学技术出版社

图书在版编目（CIP）数据

植物组织培养实验指导 / 胡超越，郝娟，王彦芹主编 . --北京：中国农业科学技术出版社，2023. 10

ISBN 978-7-5116-6395-5

Ⅰ.①植…　Ⅱ.①胡…②郝…③王…　Ⅲ.①植物组织-组织培养-实验-高等学校-教学参考资料　Ⅳ.①Q943.1-33

中国国家版本馆 CIP 数据核字（2023）第 153091 号

责任编辑　张国锋
责任校对　贾若妍　李向荣
责任印制　姜义伟　王思文

出 版 者　中国农业科学技术出版社
　　　　　北京市中关村南大街 12 号　　邮编：100081
电　　话　(010) 82109705（编辑室）　(010) 82109702（发行部）
　　　　　(010) 82109709（读者服务部）
网　　址　https://castp.caas.cn
经 销 者　各地新华书店
印 刷 者　北京富泰印刷有限责任公司
开　　本　170 mm×240 mm　1/16
印　　张　9.5
字　　数　178 千字
版　　次　2023 年 10 月第 1 版　2023 年 10 月第 1 次印刷
定　　价　38.00 元

《植物组织培养实验指导》
编写人员名单

主　编　胡超越　　（塔里木大学）

　　　　　郝　娟　　　（杭州师范大学）

　　　　　王彦芹　　　（塔里木大学）

副主编　庞新安　　（塔里木大学）

　　　　　巩慧玲　　　（兰州理工大学）

　　　　　赵沿海　　　（塔里木大学）

　　　　　刘逸泠　　　（塔里木大学）

　　　　　范芳芳　　　（新疆医科大学附属中医医院）

参　编　祝建波　　（石河子大学）

　　　　　刘艳萍　　　（塔里木大学）

　　　　　沈海涛　　　（石河子大学）

　　　　　郭　媛　　　（塔里木大学）

　　　　　韦晓薇　　　（塔里木大学）

　　　　　邓　芳　　　（塔里木大学）

　　　　　韩秀锋　　　（塔里木大学）

　　　　　刘占文　　　（塔里木大学）

前　言

2023年"中央1号文件"第十条提出，推动农业关键核心技术攻关，加快前沿技术突破。2023年政府工作报告中指出，加强污染治理和生态建设，全面划定生态保护红线、坚持山水林田湖草沙一体化保护和系统治理，加强生物多样性保护，人民群众越来越多享受到蓝天白云、绿水青山。目前，园艺花卉和林果业存在的主要问题是与集约化、规模化、专业化的现实需求相距甚远，许多珍稀物种利用常规繁殖方法难以实现，加之多种植物病毒的存在造成大面积减产、品质下降，给种植户造成巨大的经济损失，而利用植物组织培养技术是解决以上问题的重要途径之一。

本编写组结合国内需求和本地特色，组织长期从事植物组织培养工作的一线教师，结合教师们多年的教学、科研实践，同时收集并参考国内外相关文献，编写了这部实验教材。本书具有三个特征：第一是模块化。教材主要分为3个模块，基础实验模块、综合实验模块和创新实验模块，既适用于本科生的实验指导，也适合于研究生和初学者的科研指导；第二是具有地域特色。本书中列举了塔里木盆地部分典型植物（如嗜盐、荒漠植物、棉花等）的组织、细胞培养技术，与区域发展紧密结合；第三是紧跟学科发展。随着生物技术的发展，通过植物细胞工程、植物组织培养技术、植物工厂进行种质创新、贵重蛋白质等天然产物的生产，使得植物细胞工程、植物组织培养技术被广泛应用于生物学、医学、农学等许多领域。本书的编写为科研人员学习和应用提供了一定的指导和参考。

本书由胡超越编写实验六、实验十二、实验十三，郝娟编写实验八、实验九、实验十，王彦芹编写实验五、实验七，庞新安编写实验十八，巩惠玲编写实验四，赵沿海编写实验十一，刘逸泠编写实验十七，范芳芳编写实验十五，祝建波编写实验十六，刘艳萍编写实验三，沈海涛编写实验十四，郭媛、韦晓薇、邓芳编写实验一，韩秀锋、刘占文编写实验二。

　　本书得到了生物技术国家一流专业、西北地区生物科学虚拟教研室和应用生物科学兵团一流专业建设项目的资助，在此表示感谢！本书借鉴和参考了多位同行的有关书籍、文献，部分图片来源于网络，在此谨向参阅资料的有关作者致以诚挚的谢意！由于时间和水平有限，书中难免存在疏漏和不当之处，敬请不吝指正！

目　录

第一部分　基础实验

第二部分　综合实验

第三部分　创新实验

第一部分　基础实验

实验一　器械清洗、培养基配制与灭菌

1. 概述

植物组织培养需要在无菌环境下进行，清洁的实验器皿是实验得到正确结果的先决条件。因此，实验器皿的洗涤是实验前的一项重要准备工作。洗涤方法根据实验目的、器皿的种类、所盛放的物品、洗涤剂的类别和玷污程度等的不同而不同。植物细胞组织培养对无菌条件的要求非常严格，甚至超过了微生物的培养要求，这是因为培养基中含有高浓度蔗糖，能供养很多微生物如细菌和真菌的生长，一旦接触培养基，这些微生物的生长速度一般都比培养的外植体快得多，最终将外植体全部杀死，这些污染微生物还可能排泄对植物组织有毒的代谢废物。因此，在组培实验中稍不小心就会引起杂菌的污染。

无菌室等未经处理的地方，使用过的剪刀、镊子、超净工作台表面、解剖针、简单煮沸的培养基、洗得很干净的器皿表面等，我们身体的整个外表及其与外界相连的内表，如整个消化道、呼吸道等都是有菌的；无菌的范畴是指经一定时间蒸煮或高温灼烧过后的物体、经其他物理或化学灭菌方法处理后的物体、健康动、植物不与外部接触的组织内部，高层大气、化学灭菌剂、岩石内部、强酸强碱等表面和内部等都是无菌的。

灭菌是指用物理或化学的方法，杀死物体表面或者孔隙内的一切微生物或生物体，即把所有生命的物质全部杀死。物理方法如湿热（常压或者高压蒸煮）、清洗和大量无菌水冲洗、干热（烘烤或者灼烧）、离心沉淀、射线（紫外线、超声波、微波）、过滤等措施；化学方法是使用抗生素和各种消毒剂，例如升汞、甲醛、过氧化氢、高锰酸钾、来苏尔、次氯酸钠、酒精等，在进行灭菌时，必须针对不同的对象采用切实有效的方法。

培养基是植物细胞、组织和器官吸取营养的场所。在植物细胞的分裂和分化过程中，需要各种营养物质，这些营养物质包括无机营养成分、有机营养成分、植物生长调节物质等。不同的实验目的与实验材料选用的培养基不同。根据具体的实验要求，选择合适的培养基，根据培养基组成配制母液，再根据所需要的用量取一定的母液稀释，按照培养基组分的比例混合配制成所需培养基，根据实验需要添加植物生长调节剂（激素）、抗生素、其他营养成分等。在植物细胞组织培养所使用的几十种培养基中，MS 培养基应用最为广泛，说明 MS 培养基的无机盐成分对许多植物种类是适宜的，它的无机盐含量较高，微量元素种类较全，浓度也较高。一般先将药品配制成浓缩一定倍数的母液，用时稀释，储存于冰箱低温（2~4℃）中待用。

　　MS 培养基有 4 种母液，即大量元素母液、微量元素母液、有机物母液、铁盐母液，在配制母液时应注意防止沉淀产生。另需配制植物生长调节剂母液，绝大多数生长调节物质不溶于水，可以加热并不断搅拌促使溶解，必要时加入稀酸或稀碱等物质促溶。各类植物生长调节物质的用量极小，它们对外植体愈伤组织的诱导和根、芽等器官分化起着重要和明显的调节作用。通常使用的浓度单位是 mg/L。

　　植物组织培养中，植物激素对愈伤组织形成、再生体系建立有着重要的作用。植物激素是植物新陈代谢中产生的天然化合物，并经常从产生部位输送到其他部位，对生长发育不可缺少并能产生显著作用的一类微量有机物质，它具有内生性、可运行和调节性。植物激素在植物体内广泛分布，但在幼嫩的生长旺盛的部位含量更高，它能以极微小的量影响植物的细胞分化、分裂、发育，影响植物的形态建成、开花、结实、成熟、脱落、衰老、休眠和萌发等许多生理生化活动。因此，在组培中为了调节控制植物组织的生长与分化、形态发生及其他生理过程，经常使用植物激素。在组织培养中基本培养基能够保证培养物的生存与最低的生理活动，只有配合使用适当的植物激素才能诱导细胞分裂的启动、愈伤组织生长以及根、芽的分化或胚状体的发育等合乎理想的变化。对于培养大多数植物材料来说，植物激素要根据植物种类、不同品种和培养物的表现来确定。在诱导培养物发生一定的生理变化和形态建成过程中，适时、适量地选用适宜的植物激素种类，是促进这些变化发生发展的主要方面。

　　1934 年，Kogl 等从人尿中首次分离出生长素的结晶，经鉴定为吲哚乙酸（简称为 IAA）。在植物中，IAA 大部分集中于生长强烈、代谢旺盛的部位。生长素的生理效应主要是细胞伸长生长、影响植物茎和节间的伸长、形成无籽果实、顶端优势、促进器官和组织分化及影响性别分化。在离体植物组织培养中，生长素被用于诱导细胞分裂和根的分化。常用的生长素有：吲哚乙酸（IAA）、吲哚丙酸（IPA）、吲哚丁酸（IBA）、α-萘乙酸（NAA）、萘乙酰胺（NAD）、萘氧乙酸（NOA）、对氯苯氧乙酸（P-CPA）、2,4-二氯苯氧乙酸（2,4-D）和 4-碘苯氧乙酸（增产灵）。其中 IBA 和 NAA 广泛用于生根，并能与细胞分裂素互作促进茎的增殖。2,4-D 和对于愈伤组织的诱导和生长非常有效。IAA 等天然物易受体内酶的分解，更易受光的氧化作用，在高压灭菌中热稳定性较差，所以常用人工合成的类似物，主要有 NAA、IBA、2,4-D 等，在药剂的活性上以 2,4-D 的作用最强，但是 2,4-D 有抑制芽形成的副作用，适宜用量范围也较狭窄，过量常有毒害作用，一般用于细胞启动脱分化阶段，而诱导分化阶段往往不用 2,4-D，而用 NAA 或 IBA、IAA 等。

1963 年，新西兰的 D. S. Letham 从未成熟的玉米种子中分离出了第一个内源 CTK，命名为玉米素（ZT）。现已在许多植物中鉴定出了 30 多种 CTK。它广泛存在于高等植物，尤其是处于细胞分裂的部位，如根、茎尖、正在发育和萌发的种子和生长的果实，CTK 含量都很高。CTK 的生理效应主要是促进细胞分裂与扩大、促进侧芽发育、延迟叶片衰老、刺激块茎形成、促进某些色素的生物合成、促进组织和器官分化、促进果树花芽分化，还能促进气孔开放，能够解除某些需光植物种子的休眠、促进发芽等。比较常用的细胞分裂素有：激动素（呋喃氨基嘌呤，也称 KT）、6-苄基腺嘌呤（6-BA）、苄氨基嘌呤（BAP）、玉米素（ZT）和异戊烯氨基嘌呤（ZiP），除此之外，近年来又发现了一种人工合成的具有细胞分裂素活性的物质噻苯隆（TDZ）。

配制好的培养基应在 24 h 之内完成灭菌工作，以免造成杂菌大量繁殖。灭菌方法有：高温高压灭菌、过滤除菌、射线除菌等方法。培养基常采取高压灭菌的方法，灭菌条件一般是在 0.105 MPa 压力下，温度 121℃ 时，灭菌时间 15～30 min。生长调节物质（激素）通常使用过滤灭菌。

2. 实验目的

掌握植物组织培养时玻璃器皿、塑料器皿、金属工具等的洗涤方法，了解洗涤液的配制和器皿烘干处理的方法。

通过 MS 培养基的配制，掌握配制培养基母液及 MS 固体培养基的基本技能，掌握培养基的灭菌方法。

3. 实验用品

3.1 主要器具

刷子类：试管刷、烧杯刷、锥形瓶刷、滴定管刷；

三角瓶（锥形瓶）100 mL、150 mL、200 mL 若干；

烧杯 50 mL、100 mL、250 mL、500 mL 若干；

容量瓶 100 mL、500 mL、1 000 mL 若干；

量筒 25 mL、50 mL、100 mL、500 mL、1 000 mL 若干；

刻度移液管 1 mL、2 mL、5 mL、10 mL、25 mL 若干；

试管 2 cm×15 cm、2.5 cm×15 cm、3 cm×15 cm 若干；

白色和棕色试剂瓶 100 mL、1 000 mL 若干；

培养皿直径 6 cm、9 cm、12 cm 若干；

培养瓶 200 mL、300 mL、500 mL 若干；

玻璃棒、漏斗、注射器、移液枪和枪头、组织镊（20～25 cm）、解剖刀（带刀架）、剪刀（15～25 cm）等。

3.2 洗涤用主要试剂

$K_2Cr_2O_7$、H_2SO_4（浓）、浓 HCl、NaOH、去污粉、肥皂粉、丙酮、无水酒精、乙醚。

3.3 培养基所需药品及试剂

无糖无琼脂的 MS 培养基粉或配制 MS 培养基所需的各种药品和试剂（MS培养基所需无机物、有机物见表 1 至表 4）、琼脂粉、蔗糖、生长调节剂（IAA、IBA、NAA、2,4-D 等）、蒸馏水、浓度为 1 mol/L 和 0.5 mol/L NaOH 以及浓度为 0.5 mol/L 的 HCl、95%酒精。

表 1 MS 培养基大量元素母液（10×）配制所需各物质的量

化学药品	1 L/（mg/L）	10 L/g
NH_4NO_3	1 650	16.5
KNO_3	1 900	19.0
$CaCl_2 \cdot 2H_2O$	440	4.4
$MgSO_4 \cdot 7H_2O$	370	3.7
KH_2PO_4	170	1.7

表 2 MS 培养基微量元素母液（100×）配制所需各物质的量

化学药品	1 L/（mg/L）	10 L/mg
$MnSO_4 \cdot 4H_2O$	22.3	223
（$MnSO_4 \cdot H_2O$）	(21.4)	(214)
$ZnSO_4 \cdot 7H_2O$	8.6	86
$CoCl_2 \cdot 6H_2O$	0.025	0.25
$CuSO_4 \cdot 5H_2O$	0.025	0.25
$Na_2MoO_4 \cdot 2H_2O$	0.25	2.5
KI	0.83	8.3
H_3BO_3	6.2	62

注：$CoCl_2 \cdot 6H_2O$ 和 $CuSO_4 \cdot 5H_2O$ 可按 10 倍量（0.25 mg×10＝2.5 mg）或 100 倍量（25 mg）称取后，定容于 100 mL 水中，每次取 10 mL 或 1 mL（即含 0.25 mg 的量）加入母液中。

表 3 MS 培养基铁盐母液（100×）配制所需各物质的量

化学药品	1 L/（mg/L）	10 L/mg
Na_2-EDTA	37.3	373
$FeSO_4 \cdot 7H_2O$	27.8	278

表4 MS培养基有机物母液（100×）配制所需各物质的量

化学药品	1 L/（mg/L）	10 L/mg
烟酸	0.5	5
盐酸吡哆醇（维生素 B$_6$）	0.5	5
盐酸硫胺素（维生素 B$_1$）	0.1	1
肌醇	100	1
甘氨酸	2	20

3.4 主要仪器

高压灭菌锅、烘箱、电炉、电子天平、磁力搅拌器、冰箱、pH 仪。

3.5 其他

封口膜、棉球、牛皮纸、锡箔纸、标签、pH 试纸等。

4. 实验步骤

4.1 器皿清洗

4.1.1 玻璃器皿的清洗

（1）浸泡。新的玻璃器皿使用前应先用自来水简单刷洗，然后用5%稀盐酸溶液浸泡过夜，以中和其中的碱性物质。用过的玻璃器皿往往粘有大量蛋白质，干燥后不易刷洗掉，故用后立即浸入清水中刷洗。

（2）刷洗。将浸泡后的玻璃器皿放到优质洗涤剂（洗衣粉、洗洁精）水中，用软毛刷反复刷洗，注意不留死角，洗后晾干，准备浸酸。

（3）浸酸。刷洗不掉的微量杂质经过浓硫酸和重铬酸钾清洁液的强氧化作用后，可被除掉，而且对玻璃器皿无腐蚀作用，去污能力很强，是清洗过程中关键的一环。

清洁液一般可配制3种强度，配方见表5。配制清洁液时，应注意安全，须穿戴耐酸手套和围裙，注意保护好面部和身体裸露部分。

浸泡时，器皿要充满清洁液，勿留气泡。浸泡时间不应少于6 h，一般应浸泡过夜。配制过程中，可使重铬酸钾溶于水中（有时不能完全溶解，可加热溶解重铬酸钾）。待重铬酸钾溶液冷却后，慢慢加入浓硫酸（工业用酸即可）。

注意：只能将浓硫酸缓慢加入水溶液中，若注入过急产热量大，易发生危险，切忌反向操作，以免浓硫酸溅出伤人。配制容器应用陶瓷或耐酸塑料制品。配成后的清洁液呈棕红色，经长时间使用后，因有机溶剂和水分增多渐变成绿色，表明已失效，应重新配制。旧清洁液仍有腐蚀作用，严禁乱倒，需要回收集中处理。

表5　清洁液配方

配方成分	弱液	次强液	强液	常用配方
重铬酸钾/g	50	100	60	100
浓硫酸/mL	100	200	800	200
蒸馏水/mL	1 000	1 000	200	800

（4）冲洗。刷洗和浸酸后都必须用水充分冲洗，使之不留任何残迹。冲洗宜用洗涤装置，亦可用手工操作，每瓶都得用水灌满，倒掉，重复10次以上，最后再用蒸馏水漂洗2~3次，晾干备用。对已用过的器皿，凡污染器皿须先煮沸半小时或置3%盐酸中浸泡过夜；未污染器皿不需灭菌处理，但须刷洗、清洁液浸酸过夜并冲洗。

4.1.2　橡胶制品的清洗

新购置的橡胶制品带有大量滑石粉，应先用自来水冲洗干净后，再作常规清洗处理。

常规处理方法是：每次使用后的橡胶制品都要置入水中浸泡，以便集中处理和避免附着物干涸，然后用2% NaOH 液煮沸 10~20 min，以除掉培养中的蛋白质。自来水冲洗后，再用1%稀盐酸浸泡30 min，最后用自来水和蒸馏水各冲洗2~3次，晾干备用。用过的胶塞清洗方法基本同清洗玻璃器皿，但胶塞刷洗的重点部位是胶塞使用面，需逐个刷洗。

4.1.3　塑料制品的清洗

塑料制品的特点是质地软、不耐热。目前常用的塑料制品是经过消毒灭菌密封包装的商品，用时打开包装即可，是一次性使用物品。必要时，用后经过清洗和无菌处理后，也可反复使用2~3次，但不宜过多。

清洗程序：使用后应即刻浸入水中严防附着物干涸，不宜用毛刷刷洗，以防划痕出现，如残留有附着物可用脱脂棉轻轻擦拭，用流水冲洗干净，晾干，再用2% NaOH 液浸泡过夜，用自来水充分冲洗，然后用5%盐酸溶液浸泡30 min，随后用自来水冲洗干净，再用蒸馏水漂洗5~6次，晾干后备用。

4.1.4　金属器具的清洗

植物细胞组织培养所用金属器具主要是一些解剖刀、剪刀、镊子、针等，这些新购进器具的表面常涂有防锈油，先用蘸有汽油的纱布擦去油脂，再用水洗，最后用酒精棉球擦拭，晾干。用过的金属器具先以清水煮沸消毒，再擦干，使用前以蒸馏水煮沸 10 min。

4.1.5　除菌滤器的清洁

用过的滤器将滤膜去掉，用双蒸水洗净残余液体，置干燥箱中烘干备用。

4.2 器皿烘干处理

植物细胞组织培养实验中，经常使用干燥的玻璃仪器，洗净的玻璃仪器常用下列几种方法干燥。

4.2.1 自然风干

将洗净的玻璃器皿倒置在滴水架上或通气玻璃柜中自然晾干。

4.2.2 烤干

烧杯和培养皿可以放在石棉网上用小火烤干，适用于硬质玻璃器皿。

4.2.3 烘干

将洗净的玻璃器皿倒去残留水，口朝下放入烘箱中，在烘箱中放置玻璃器皿时应从上层依次往下层摆放，一般将烘热干燥的仪器放在上边，湿仪器放在下边，带磨口玻璃塞的仪器，必须取出塞子才能烘干，慢慢加热升温，烘箱内的温度最好保持在 $100 \sim 105℃$，恒温半小时左右；对一些小件玻璃器皿，可在红外灯干燥箱中烘干；有刻度玻璃仪器和容量瓶等不能放入烘箱中加热干燥，一般采取晾干或依次用少量酒精、乙醚刷洗后用温热的气流吹干；金属类的器具可以直接放入烘箱中干燥，且温度可适当调高至 $130℃$。烘干的仪器最好等烘箱冷却到室温后再取出。如果热时就要取出仪器，应用防烫手套拿取。

4.2.4 吹干

对于急需干燥使用的仪器，清洗倒掉残留水后，可使用吹干，即使用气流干燥器或电吹风把仪器吹干。首先将水控干后，加入少量的丙酮或酒精摇洗并倒出，先通入冷风吹 $1 \sim 2$ min 后，待大部分溶剂挥发后，再吹入热风至完全干燥为止，最后吹入冷风使仪器逐渐冷却。

4.2.5 有机溶剂法

在洗净的仪器内加入少量有机溶剂如丙酮、酒精或无水酒精，转动仪器，使仪器内的水分与有机物混合，倒出混合液，仪器即迅速干燥。这种干燥方式一般只适用于紧急需要干燥仪器时使用，且仪器容积不能太大。

带有刻度的计量容器不能用加热法干燥，否则会影响仪器的精度。一般采用自然风干或有机溶剂干燥的方法，吹风时使用冷风。

4.3 MS 培养基的配制

母液是配制培养基的浓缩液，一般配成比所需浓度高 $10 \sim 100$ 倍的溶液。

优点：保证各物质成分的准确性；便于配制时快速移取；便于低温保存。

4.3.1 母液的配制

（1）MS 大量元素母液（10×）。

称 10 L 量溶解在 1 L 蒸馏水中。配 1 L 培养基取母液 100 mL（表 1）。

配制方法及保存：配制 1 L 母液准备 2 L 的烧杯。先将水（400 ~ 600 mL）倒入烧杯中，分别用天平称取各物质，逐步加入烧杯中，用玻璃棒搅拌使之完全溶解，可适当加热，最后于容量瓶中定容。配制好的母液装入试剂瓶中，贴好标签，写上试剂名称、倍数和日期，并置于4℃冰箱中保存。

（2）MS微量元素母液（100×）。

各物质按配制10 L所需的量称取后溶解在100 mL蒸馏水中。配1 L培养基取母液10 mL（表2），用100 mL烧杯，加入40~60 mL蒸馏水，配制方法及保存同（1）。

（3）MS铁盐母液（100×）。

各物质按配制10 L所需的量称取后溶解在100 mL蒸馏水中。配1 L培养基取母液10 mL（表3）。

配制方法及保存：分别用2个烧杯（100 mL）将两种成分溶解在少量蒸馏水中，其中EDTA盐较难完全溶解，适当加热可加速溶解。溶解后，将两种液体混合时，先取一种溶液倒入容量瓶（100 mL）中，然后将另一种成分边加入容量瓶边剧烈震荡，至产生深黄色溶液，最后定容，贮存于棕色试剂瓶中，保存在4℃冰箱中。

（4）MS有机物母液（100×）。

各物质按配制10 L所需的量称取后溶解在100 mL蒸馏水中。配1 L培养基取母液10 mL（表4），配制方法同（2），最好贮存于棕色瓶中。

（5）生长调节剂。

植物生长调节剂一般配制成浓度为0.5~5.0 mg/mL的溶液，贮存在2~4℃下备用。由于多数激素难溶于水，所以配制时应按下面原则及方法进行（表6、表7）。

表6　激素和植物生长调节剂配制原则

类别	原则
植物激素	每种激素必须单独配制成母液，浓度为0.5 mg/mL、1 mg/mL、2 mg/mL，激素浓度的表示方法多种，ppm（mg/L）、mol/L、mg/mL，用时根据需要取用
可高压灭菌	IBA、NAA、6-BA、2,4-D、KT
不可高压灭菌	ZT、2-IP、IAA、GA3
配制生长素类	例如IAA、NAA、2,4-D和IBA，应先用少量95%乙醇或无水乙醇充分溶解，或者用1 mol/L的NaOH溶解，然后用蒸馏水定容到一定的浓度
细胞分裂素	例如KT，应先用少量95%乙醇或无水乙醇加3~4滴1 mol/L的盐酸溶解，再用蒸馏水定容

表7　激素和植物生长调节剂配制和除菌方法

激素与植物生长调节剂		配制方法	除菌方式
生长素	α-NAA（α-萘乙酸）	可用1 mol/L NaOH彻底溶解后，再缓慢加水定容	与培养基高压共灭菌

（续表）

激素与植物生长调节剂		配制方法	除菌方式
生长素	2,4-D （2,4-二氯苯氧乙酸）	用适量无水乙醇或 1 mol/L NaOH 彻底溶解后，再缓慢加入水定容	与培养基高压共灭菌
	IBA （3-吲哚丁酸）	同上，若溶解不全可加热，冷却后加水。	与培养基高压共灭菌
	IAA （3-吲哚乙酸）	同上	抽滤除菌
细胞分裂素	KT （激动素6-糖氨基嘌呤） 6-BA （6-苄氨基嘌呤）	先溶于少量 1 mol/L HCl，彻底溶解后再加水定容	与培养基高压共灭菌
	ZT （反式玉米素）	用适量无水乙醇或 1 mol/L NaOH 彻底溶解后，再缓慢加入水定容	抽滤除菌
	2-IP （2-异戊烯基腺嘌呤）	可用 1 mol/L NaOH 彻底溶解后，再缓慢加水定容	抽滤除菌
赤霉素	GA3	先溶于适量无水乙醇，彻底溶解后再缓慢加入水定容	抽滤除菌
脱落酸	ABA	先溶于少量 1 mol/L NaOH，彻底溶解后再加水定容	与培养基高压共灭菌

4.3.2　MS 固体培养基的配制

（1）准备。按培养基配方计算用量，称好凝固剂（琼脂）和糖（蔗糖）的用量，分别取出母液，按顺序排列，准备好称量用具和溶解用具。

（2）1 L 培养基配制。在烧杯中（1 000 mL）加入相当配制量 1/3 的水，加入琼脂煮溶（或最后加入琼脂粉），根据计算依次加入大量元素、微量元素、铁盐、有机物、生长调节物质等，最后加入蔗糖并搅拌均匀，加水定容，搅拌均匀，所取物质的量见表 8。

若使用 MS 培养基粉（无糖、无琼脂），配制 1 L 培养基，称取 MS 培养基粉 4.74 g（根据所购培养基的配制方法称取），充分溶解后加入 30~50 g 蔗糖、7~8 g 琼脂粉，充分溶解。

（3）调整 pH 值。pH 值的大小会影响琼脂的凝固能力，一般当 pH 值大于 6.0 时，培养基将会变硬；低于 5.0 时，琼脂就凝固不好。如果 pH 值与所需的数值相差很大，可先用 0.5 mol/L 的 NaOH 或 HCl 调节，至接近时，再用 0.1 mol/L 的酸、碱调节。用玻璃棒蘸取液体滴到 pH 试纸上，根据颜色对比观察 pH 值，使用滴管逐滴加入 NaOH 或 HCl 使 pH 值为 5.5~6.0，如 pH 值 5.8。

表8　配制MS培养基应取各物质的量

试剂名称	MS培养基用量	试剂名称	MS培养基用量
琼脂	7~8 g/L	铁盐母液	10 mL/L
蔗糖	30~50 g/L	有机物母液	10 mL/L
大量元素母液	100 mL/L	6-BA母液	0.5 mL/L
微量元素母液	10 mL/L	NAA母液	1 mL/L

4.3.3　分装

将培养基尽快分装入100 mL或150 mL三角瓶中。培养基占容器的1/5~1/4，即20~30 mL，尽量避免培养基沾到容器内壁或容器口，标记日期。

4.3.4　封口

选用合适物质（如封口膜、棉球、牛皮纸、锡箔纸等）封口。贴好标签，注明培养基名称、配制时间。

4.4　灭菌

4.4.1　MS培养基的灭菌

在高压灭菌锅内装入一定量的水（水要淹没电热丝，切忌干烧）。在灭菌锅内放入含培养基的培养瓶或三角瓶。将排气阀打开，加热，直至锅内释放出大量水蒸气，再关闭阀门；或者当锅内压力升至49.0 kPa时，开启排气阀，将锅内的冷空气全部排出后，然后关闭排气阀。当锅内压力达到108 kPa，温度为121℃时，维持15~20 min，即可达到灭菌的目的。

不能随意延长时间和增加压力。培养基要求比较严格，严格遵守保压时间，既要保证灭菌彻底，又要防止培养基中的成分变质或效力降低，琼脂在长时间灭菌后凝固力也会下降，以致不凝固。达到保压时间后，当冷却被消毒的培养基溶液时必须十分小心，在压力降低到0.05 MPa时，可缓慢放出蒸汽。如果压力急速下降超过了温度下降的速度，就会使液体沸腾，从培养容器中溢出。当高压灭菌锅的压力表指针降到零后，才能打开灭菌锅，取出培养基，置于超净工作台上的无菌条件下使之冷却，不论是固体培养基还是液体培养基，均应分装在较小的器皿中加塞封口。高压灭菌通常会使培养基中的蔗糖水解为单糖，从而改变培养基的渗透压。在8%~20%蔗糖范围内，高压灭菌后的培养基渗透压约升高0.43倍。培养基中的铁在高压灭菌时会催化蔗糖水解，可使得15%~25%的蔗糖水解为葡萄糖或果糖。培养基中添加0.1%活性炭时，高压下蔗糖水解也会增强。

灭菌时间过长，会使培养基中的某些成分变性失效。培养基体积与灭菌时间的关系如表9所示。

表 9　培养基体积与灭菌时间的关系

培养基体积/mL	灭菌温度/℃	灭菌时间/min
20～50	121	20
50～500	121	25
500～5 000	121	35

灭菌后应尽快转移培养瓶，使培养瓶冷却、凝固。一般应将灭菌后的培养瓶储藏于30℃以下的室内放置3 d，观察灭菌效果。如果无细菌、霉菌等产生，即可使用该培养瓶。

4.4.2　金属器械灭菌

对于无菌操作所用的各种器具，如打孔器、镊子、解剖刀、剪刀、解剖针等，一般的消毒办法是把它们先浸泡入95%的酒精中，使用之前取出再用酒精灯灼烧灭菌，待冷却后立即使用。操作可采用250 mL或500 mL的广口瓶，放入95%的酒精以便插入工具。在每次操作开始前要将这些器具这样消毒，在操作期间也还要随用随消毒。也可将擦净或干燥的金属器械用纸包好或盛于铁盒内在120℃的烘箱内处理2 h，或用布包好后放在高压灭菌器内灭菌。

4.4.3　玻璃器皿及耐热用具灭菌

玻璃培养容器可与培养基一起灭菌，若培养基已先灭菌，而只需单独进行容器灭菌时，可采用干热灭菌法，将洗净的培养器皿等置入烘箱中，缓慢升温至180℃持续3 h进行灭菌。

干热灭菌的缺点是热空气循环不良和穿透很慢，因此在烘箱内不应把玻璃容器放得太挤。干热灭菌的物品预先清洗并干燥，工具要包扎，以免灭菌后取用时重新污染；包扎可用耐高温的塑料。灭菌时应该逐渐升温，达到预定温度后记录时间，灭菌后须待烘箱充分冷凉后才能打开烘箱，如果尚未足够冷却就急于取出，外部的冷空气就会被吸入烘箱，因此有可能使里面的玻璃器皿重新受到微生物污染，甚至还有发生炸裂的危险。

4.4.4　过滤灭菌

某些生长调节物质如赤霉素、玉米素（zeatin）、多糖、脱落酸、秋水仙素（colchicine）、尿素以及某些维生素如维生素B_1、维生素B_{12}、维生素C、泛酸等，遇热时容易分解，使其结构容易遭到破坏，不能利用高温高压进行灭菌，通常采用过滤灭菌法，然后再将其加入高压灭菌过的培养基中。如果要制备一种半固态培养基，须待培养基冷却到大约40℃时再加入这种无菌的热分解化合物；如果是要制备一种液体培养基，则要待培养基冷却到室温后再加。

在需要过滤灭菌的液体量大时，常使用抽滤装置；液量小时，可用注射器。使用前对其高压灭菌，将滤膜装在注射器的靠针管处，将待过滤的液体装入注射器，推压注射器活塞杆，溶液压出滤膜，从针管压出的溶液就是无菌溶液。先选择 0.65 μm 滤膜进行初滤，再进行 0.4 μm 滤膜过滤，使过滤灭菌进行得比较通畅。

4.4.5　其他物品灭菌

对高压后不变质的物品，如栽培介质、接种用具、无菌水、工作服、口罩、帽子等布制品可以延长灭菌时间或提高压力，洗净晾干后用耐高压塑料袋装好，高压灭菌 30 min。

5. 注意事项

（1）使用铬酸洗液时，应避免引入大量的水和还原性物质，以免洗液冲稀或变绿而失效；铬酸洗液具有很强的腐蚀性，使用洗液时应注意安全，不要溅到皮肤和衣服上。氢氧化钠易吸收空气中的水分和二氧化碳，称量时要迅速；碱会使玻璃塞与瓶口黏在一起，故使用橡皮塞。

（2）试管刷的刷毛必须相当软，刷头的铁丝不能露出，也不能向旁侧弯曲，以免刷伤到器皿内壁。

（3）容量瓶与其磨口玻璃塞是密闭配套的，玻璃塞不能混用，以防容量瓶倒转混匀时液体流出；有刻度的量具如容量瓶、移液管、滴定管等和不耐热的器皿等不宜在电炉、烘箱中加热烘烤，否则玻璃因受高温致其容积发生改变，如确需干燥可将洗净的上述器皿用酒精等有机溶剂润洗后晾干，也可用电吹风或烘干机的冷风吹干；已洗净的仪器内壁不能再用布或纸擦，因为布或纸的纤维会留在器壁上而弄脏仪器。洗净后的器壁上应只留下一层薄而均匀的水膜，不挂水珠。

（4）容量瓶不宜长期贮存试剂（尤其强碱性溶液能严重腐蚀玻璃），配好的溶液如需长期保存应转入试剂瓶中，转移前须用该溶液将洗净的试剂瓶润洗3 遍。

（5）热仪器取出后，不要马上碰冷的物体如冷水、金属用具等，以免破裂。当烘箱已工作时不能往上层放入湿的器皿，以免水滴下落，使热的器皿骤冷而破裂。

（6）在烧杯内配制溶液时，尽量使搅拌棒沿着器壁运动，不搅入空气，不使溶液飞溅。倒入液体时，必须沿器壁慢慢倾入，以免有大量空气混入，倾倒表面张力低的液体（如蛋白质溶液）时，更需缓慢仔细。

（7）配制培养基母液时的注意事项。

① 一些离子易发生沉淀，可先用少量蒸馏水溶解，再按配方顺序依次混合。

② 配制母液时必须用蒸馏水或重蒸馏水。

③ 药品应用化学纯或分析纯。

④ 逐一检查母液是否沉淀或变色，避免使用已失效的母液。

⑤ 6-BA、NAA 用量甚微，取用时要使用移液管，移液管越小越精确。

⑥ 分装要干净，灭菌时三角瓶尽可能放正，不要使培养基流出。

（8）经高温高压灭菌后，培养基的 pH 值会下降 0.2~0.8，故调整后的 pH 值应高于目标 pH 值 0.5 个单位。

6. 实验报告及思考题

6.1 实验报告

（1）记述玻璃器皿的清洗步骤和操作要领。

（2）记录清洁液配制的要领与方法。

（3）分组配制不同母液，记录配制母液名称、各物质所取的量及配制过程。

（4）记录并分析培养基配制过程中的问题。

6.2 思考题

（1）新旧玻璃器皿的洗涤有何不同？

（2）新旧塑料器皿的洗涤有何不同？

（3）器皿烘干有哪些方法？

（4）配制 MS 培养基时应注意哪些问题？

（5）高压灭菌时应注意哪些问题？

（6）如何配制植物生长调节剂？

7. 参考文献

胡颂平，于华，2022. 植物细胞组织培养技术 ［M］. 2 版. 北京：中国农业大学出版社.

靳松，韩占江，胡超越，2017. 植物组织培养 ［M］. 郑州：郑州大学出版社.

吴港圆，杨雅钧，何石燕，等，2022. 植物组织培养技术研究进展 ［J］. 壮瑶药研究 （1）：74-79，238-239.

颜盟，刘美香，2023. 植物组织培养中污染的产生与防控 ［J］. 西北园艺 （综合） （3）：41-42.

杨文雅，2023. 植物组织培养中抗污染培养基新配方初探 ［J］. 科技资讯，21 （4）：97-100.

实验二 植物外植体选择与无菌操作技术

1. 概述

外植体是组织培养中的各种接种材料，包括植物体的各种器官、组织、细胞和原生质等。植物从低等的藻类到苔藓、蕨类、种子植物等高等植物的各类、各部分器官都可作为组织培养的材料。一般裸子植物多采用幼苗、芽、韧皮部细胞，被子植物采用胚、胚乳、子叶、幼苗、茎尖、根、茎、叶、花药、花粉、子房和胚珠等各个部分。植物种类不同，最适培养的外植体来源也不同（表1）。

表1 植物组织培养的外植体类型

植物	常用的外植体类型	植物	常用的外植体类型
棉花	下胚轴	花生	成熟胚幼叶、子叶、下胚轴
烟草	子叶、真叶	水稻	种子、叶片、茎尖
番茄	子叶、真叶、下胚轴	芦荟	茎段
小麦	幼胚、幼胚盾片、幼苗生长点	银杏	成熟胚、胚乳、真叶
玉米	幼胚、成熟胚、幼叶	红豆杉	茎段、叶片

通常在选择外植体时，注意尽量选择细胞分化程度低或含低分化细胞多的器官或组织类型；尽量选择幼嫩、分生活跃的部分，一般选择新展开的叶或幼嫩的茎。外植体的选择需要从植物品种、适当的时期、大小、外植体来源、消毒难易等方面综合考虑。

1.1 外植体选择

1.1.1 选择优良的种质及母株

无论是离体培养繁殖种苗，还是进行生物技术研究，培养材料的选择都要从主要的植物入手，选取性状优良的种质、特殊的基因型和生长健壮的无病虫害植株及器官或组织，因为其代谢旺盛，再生能力强，培养后容易成功。

1.1.2 选择适当的时期

植物组织培养选择材料时，要注意植物的生长季节和生长发育阶段，对大多数植物而言，应在其开始生长或生长旺季采样，此时材料内源激素含量高，容易分化，不仅成活率高，而且生长速度快，增殖率高。

花药培养应在花粉发育到单核靠边期取材，这时比较容易形成愈伤组织。

植物的腋芽培养，如果在1—2月间采集，则腋芽萌发非常迟缓；而在3—8月间采集，萌发的数目多，萌发速度快。

1.1.3 选取适宜的大小

培养材料的大小根据植物种类、器官和目的来确定。通常情况下，快速繁殖时叶片、花瓣等面积为5 mm²，其他培养材料的大小为0.5~1.0 cm。如果是胚胎培养或脱毒培养的材料，则应更小。材料太大，不易彻底消毒，污染率高；材料太小，多形成愈伤组织，甚至难以成活。

1.1.4 外植体来源要丰富

为了建立一个高效而稳定的植物组织离体培养体系，往往需要反复实验，并要求实验结果具有可重复性。因此，就需要外植体材料丰富并容易获得，一般从野外或温室中选取生长健壮的无病虫害的植株器官或组织作外植体，离体培养容易成功。对多数植物来说，茎尖是较好的选择，但往往数量有限，也可选用茎段、叶片作外植体，如菊花、秋海棠等；还可选择鳞茎、球茎、根茎、花茎、花瓣、根尖、胚等作为外植体进行培养。

1.2 无菌操作

接种时由于有一个敞口的过程，所以极易引起污染，这一时期主要由空气中的细菌和工作人员本身引起，接种室要进行严格的空间消毒。除了器具、培养基等物品的灭菌，操作空间、外植体的消毒灭菌也非常重要。无菌操作即是在无菌的操作空间，利用无菌的器械、试剂等把外植体表面消毒灭菌，然后将材料切碎或分离出器官、组织或细胞，再接种到无菌培养基上的全部操作过程。

常用的外植体消毒灭菌试剂及效果如下（表2），使用这些灭菌剂，都能起到表面杀菌的作用。其中70%~75%的酒精有较强的杀菌力、穿透力和湿润作用，可排出材料上的空气，利于其他消毒剂的渗入，常与其他消毒剂配合使用。因酒精穿透力强，易损伤材料，所以一般处理时间要短。

灭菌剂应在使用前临时配制，氯化汞可短期内贮用。次氯酸钠和次氯酸钙都是利用分解产生氯气来杀菌的，故灭菌时用广口瓶加盖较好；过氧化氢是分解释放原子态氧来杀菌的，这种药剂残留的影响较小，灭菌后用无菌水漂洗3~4次即可；氯化汞是用重金属汞离子来灭菌的，由于用氯化汞液灭菌的材料，难以对氯化汞残毒有效去除，所以应当用无菌水漂洗8~10次，每次不少于3 min，以尽量去除残毒。

表2 常用灭菌剂的使用浓度和灭菌效果比较

灭菌剂	使用浓度	清除的难易	消毒时间/min	效果
次氯酸钠（NaClO）	2%	易	5~30	很好
漂白粉［Ca（ClO）₂］	饱和浓度	易	5~30	很好

（续表）

灭菌剂	使用浓度	清除的难易	消毒时间/min	效果
升汞/氯化汞（HgCl₂）	0.1%~1%	较难	2~10	最好
酒精（乙醇）	70%~75%	易	0.2~2	好
过氧化氢（H₂O₂）	10%~12%	最易	5~15	好
溴水（HBr，HBrO）	1%~2%	易	2~10	很好
硝酸银（AgNO₃）	1%	较难	5~30	好
抗生素	4~50 mg/L	中	30~60	较好

　　灭菌时，把沥干的植物材料转放到烧杯或其他器皿中，记好时间，倒入灭菌溶液，不时用玻璃棒轻轻搅动，以促进材料各部分与消毒溶液充分接触，驱除气泡，使灭菌彻底。在快到时间之前 1~2 min，开始把灭菌液倾入已备好的大烧杯内，要注意勿使材料倒出，倒净后立即倒入无菌水，轻搅漂洗。灭菌时间是从倒入消毒液开始，至倒入无菌水时为止。灭菌液要充分浸没材料，宁可多用些灭菌液，切勿勉强在一个体积偏小的容器中使用很多材料灭菌。

　　在灭菌溶液中加吐温 80 效果较好，这些表面活性剂主要作用是使药剂更易于展布，更容易浸入到灭菌的材料表面。但吐温 80 加入后对材料的伤害也在增加，应注意吐温 80 的用量和灭菌时间，一般加入灭菌液的 0.5%，即在 100 mL 加入 15 滴。

2. 实验目的

　　熟悉植物组织培养的外植体类型及特点，掌握外植体消毒灭菌技术、无菌操作技术。

3. 实验材料、器具、试剂等

3.1　实验材料

　　植物幼嫩的组织、器官等（幼叶、花药、幼茎、幼芽、种子等）。

3.2　实验器具

　　高压灭菌锅、镊子、解剖刀、剪刀、9~12 cm 培养皿、100~1 000 mL 三角瓶、10~1 000 mL 量筒、100~1 000 mL 烧杯、电磁炉（或电炉、可加热磁力搅拌器）、万分之一电子天平、pH 仪（或 pH 试纸）、玻璃棒、50~500 mL 试剂瓶、喷壶、打火机（或火柴）、称量勺、称量纸等。

3.3　实验试剂、药品

　　已配制好的灭菌 MS 培养基（根据需要添加植物生长调节剂等）、无菌水、

70%~75% 酒精、1%~15% NaClO、1%~2% 升汞等。

4. 步骤

整个接种过程均需无菌操作，具体操作程序如下。

4.1 接种前准备

4.1.1 空间消毒

接种室内保持定期 1%~3% 的高锰酸钾溶液对设备、墙壁、地板等进行擦洗；除了使用紫外线和甲醛消毒外，还可在工作期间用 75% 的酒精或 3% 的来苏尔喷雾，使得空气中灰尘颗粒沉降下来。在接种 4 h 前需用甲醛熏蒸接种室，并打开紫外灯进行灭菌。

4.1.2 器械、试剂准备

配制所需消毒试剂；在消毒灭菌后的接种室放好接种所需要的培养基、酒精灯，储存有 75%、95% 酒精的广口瓶或专用灭菌器，各种已灭菌的镊子、接种针、解剖刀、剪刀、打火机（火柴）等。

工作台面上的用品要放置有序、布局合理。把酒精灯放在中间，右手使用的物品在右侧，左手使用的用品在左侧。

4.1.3 操作台消毒

接种前 30 min 打开超净工作台的风机以及台上的紫外灯杀菌。

4.1.4 操作人员准备工作

穿上已灭菌的白色工作服、鞋套等，并戴上口罩。上超净工作台前操作员的双手必须进行灭菌，用肥皂水洗涤能达到良好的效果，进行操作前再用 75% 的酒精棉球擦洗双手和前臂，特别是指甲处，或者带上乳胶手套，并用酒精棉擦拭消毒。然后擦拭工作台表面，在操作期间还要经常用 75% 的酒精棉球擦拭双手和台面及相关用具，避免交叉污染。

4.1.5 外植体准备及消毒

植物外植体消毒灭菌的一般程序见图 1。采取材料，用流水冲洗（或毛刷清洗），然后在超净工作台上将接种的植物材料置于一个有盖的玻璃瓶（三角瓶、培养瓶等）中，注入适当的消毒液（70%~75%酒精、1%~15% NaClO、0.1%~

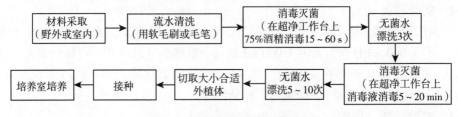

图 1　植物外植体消毒灭菌程序

2% 升汞等），使材料完全浸没在消毒液中并计时，盖上瓶盖，在消毒期间需把材料消毒瓶摇动 2~3 次。消毒处理后，将瓶盖打开，将消毒液倒出，注入适量的无菌水，再盖好盖，摇动数次，将水倒掉，如此重复 5~10 次。

4.1.5.1 花药的灭菌

用于组织培养的花药，按小孢子发育时期要求，实际上大多没有成熟，花药外面有萼片、花瓣或颖片、稃片保护，通常处于无菌状态。所以一般只对整个花蕾或幼穗进行体表灭菌即可。灭菌时先去掉花蕾的萼片，用 70% 酒精擦洗花瓣，然后将整个花蕾浸泡在饱和漂白粉上清液中 10 min，再经无菌水清洗 2~3 次，即可接种。

4.1.5.2 荚果、块根的灭菌

用自来水冲洗 10~20 min 甚至更长时间，然后进行消毒。

荚果的灭菌：绿色荚果可以采用火焰杀菌法。将绿色荚果稍加洗涤，转入 95% 酒精中，然后取出荚果放入灭菌的培养皿中，点燃灼烧，并不断翻转荚果，待表面酒精燃尽，即可获得无菌荚果。再在无菌条件下取出幼胚或种子用于接种。火焰灭菌具有简便、快速、经济、彻底的优点。该方法也适用于块根类外植体的灭菌。

4.1.5.3 种子灭菌

通常先用热水浸种，然后再用次氯酸钠或氯化汞等杀菌剂灭菌。热水浸种除具有增加种皮透性、打破种子的休眠、促进种子萌发的作用外，高水温也有一定的杀菌作用。浸种的水温和时间与种子的大小、干燥程度以及种皮厚度有关。

步骤：用自来水冲洗 10~20 min，再用 75% 酒精消毒 1~2 min，再用 2% NaClO 溶液浸泡 5 min，后用无菌水冲洗 3~5 次，就可以去除种子的病菌，进行组织培养。

果内种子则先要用 10% 次氯酸钙浸泡 20~30 min，甚至几小时，依种皮硬度而定。对难以消毒的还可以用 0.1% 升汞或 1%~2% 溴水消毒 5 min。

种皮太硬的种子，也可预先去掉种皮，再用 4%~8% NaClO 溶液浸泡 8~10 min，经过无菌水冲洗后，在无菌条件下取出外植体即可用于接种，这类外植体一般都不带污染微生物。

4.1.5.4 茎尖、茎段及叶片的灭菌

灭菌方法与花药的灭菌方法相同。

对于茎叶，因为暴露在空气中，且生有毛或刺等附属物，所以灭菌前应该用自来水冲洗干净，用吸水纸将水吸干，再用 70% 酒精漂洗一下。然后，根据材料的老、嫩和枝条的坚硬程度，用 2%~10% 次氯酸钠溶液浸泡 6~15 min，用无菌水冲洗 3 次，用无菌纸吸干后进行接种。

4.1.5.5 根和贮藏器官的灭菌

这类材料大多埋于土中，材料上常有损伤及带有泥土，灭菌比较困难。

灭菌前要用自来水清洗，并用毛刷或毛笔轻轻刷洗掉污物，必要时用刀片切去损伤和污染严重部分，吸干多余水分后用70%酒精漂洗一下，再用0.1%~0.2%的氯化汞灭菌5~10 min，或用6%~8%次氯酸钠溶液浸泡5~15 min，接着用无菌水清洗及用无菌纸吸干，然后进行接种。

4.1.6 操作台面及器械的再次消毒

在对植物材料进行消毒处理的同时，用酒精棉球擦拭台面，将镊子等工具蘸入95%的酒精中，然后取出再置酒精灯火焰上从头至尾灼烧一遍，尤其是与外植体接触的尖端处要反复过火，但要注意，金属器械不能在火焰中长时间烧灼，以防退火。烧灼过的器械要冷却后才能使用。一般在不使用时，应将刀、剪、镊子等用具浸泡在95%酒精中，用时在火焰上灭菌或放入专用灭菌器，待冷却后使用，用具每次使用前均需灭菌。

4.2 接种

4.2.1 取适合大小的外植体

在打开三角瓶（或培养瓶、试管）前，用手握住三角瓶使三角瓶呈斜角，先用酒精灯火焰灼烧瓶口，防止管口边沿沾染的微生物落入管内。当打开瓶子或试管时培养液或无菌水接触了瓶口，则要将瓶口烧到足够的热度，以杀死存在的细菌。将材料取出，置于一个已灭过菌的空培养皿中，用灼烧灭菌的解剖刀或剪刀切取适当大小的外植体，或用已灭菌的解剖针将外植体剥离出来。

4.2.2 接种

三角瓶（培养瓶）接种：打开封在三角瓶口的封口膜（或报纸、瓶塞、瓶盖），侧放在已消毒的操作台上，用已灼烧灭菌的镊子将外植体接种到三角瓶内的培养基上，一瓶接种结束后将瓶口在酒精灯火焰上转动烧一遍，然后迅速封口。

培养皿接种：打开培养皿的上盖，倒放在消毒的操作台上（或者拿在手中），用已灼烧灭菌的镊子将材料接种在培养基上，一个培养皿接种结束后，培养皿上盖在酒精灯火焰上转动烧一遍，迅速盖上培养皿并封口。

4.2.3 封口

为避免灰尘污染瓶口从而感染瓶内的培养基，可用已灭菌的报纸封口膜包扎瓶口，以遮盖瓶子颈部和试管口部。

组织、细胞及培养板在未做处理和使用前，不要过早暴露于空气中，应分别使用不同吸管吸取营养液、细胞悬液及其他各种用液，不能混用。

4.3 注明材料名称及接种日期

每个三角瓶、培养瓶或者培养皿接种后，注明材料、培养基、接种日期等。

4.4　清理台面及灭菌

接种完毕要及时清理台面并及时灭菌，可用紫外灯照射 30 min。若连续接种，每天要大强度灭菌 1 次。

5. 注意事项

（1）接种时使三角瓶呈一定的倾斜度，用手拿镊子的接种过程不要直接在培养基上方完成，以减少污染机会；接种时双手不能离开工作台。

（2）操作员的呼吸也是污染的主要途径，通常咳嗽会增加细菌感染的概率。因此，在操作过程中应禁止讲话，也不能走动、咳嗽等。

（3）操作过程中，台面、器械要反复擦拭或灼烧，进行消毒灭菌。

（4）若操作时不慎将外植体掉落，必须弃掉；镊子、解剖针、剪刀等未经消毒不慎接触到培养基，则弃掉被污染的培养基。

6. 实验报告及思考题

6.1　实验报告

（1）观察、记录不同外植体接种后的污染情况。

（2）统计、对比不同消毒剂和消毒时间的污染率。

6.2　思考题

（1）无菌操作过程中有哪些关键点要注意？

（2）如何降低污染率？

7. 参考文献

陈世昌，徐明辉，2017. 植物组织培养［M］. 3 版 . 重庆：重庆大学出版社 .

董少鸣，2007. 愈伤组织培养实验中几种外植体的选择［J］. 承德民族师专学报，110（2）：62.

胡颂平，于华，2022. 植物细胞组织培养技术［M］. 2 版 . 北京：中国农业大学出版社 .

靳松，韩占江，胡超越，2017. 植物组织培养［M］. 郑州：郑州大学出版社 .

李春龙，万群，唐敏，2016. 植物组织培养［M］. 成都：西南交通大学出版社 .

实验三　花卉快繁与病毒检测

1. 概述

我国早在 20 世纪初叶，即被西方称作"世界园林之母"。中国有丰富多彩的野生花卉种质资源，因此我国观赏植物新品种的遗传多样性有更多的挖掘潜力。

1.1　郁金香

郁金香（*Tulipa gesneriana* L.）是百合科郁金香属的多年生草本植物，是世界著名的球根花卉，有"花中皇后"之美誉（图 1）。郁金香以其雅致的花型、纯正的色彩、优美的株型与丰富的种类深受大众青睐，在公园花境布置、园艺花卉展览、鲜切花生产等领域中广泛应用，具有良好的园林应用前景。我国对于郁金香的需求量与日俱增，年增长量在 30% 以上。我国对郁金香的研究刚刚起步，目前国内栽种的郁金香种球全部依赖进口。受病毒、退化等因素影响，必须年年重新从荷兰大量购买郁金香球，而我国原产 14 种野生郁金香，占世界总资源的 10% 以上，野生郁金香抗逆性强，是重要的绿化和育种材料。

图 1　郁金香

郁金香的种球繁殖可通过鳞茎繁殖、种子繁殖和组织培养等途径实现。

商品郁金香通过分球方法进行繁殖，繁殖系数较低并且品种容易退化。郁金香母鳞茎种植后，随其自身的生长，每个鳞片腋处的鳞茎原始体便可发育成子鳞茎，母鳞茎开花后每年能分生出 2~6 个小籽球。在野生郁金香多年的栽培过程中发现野生郁金香每年都会进行鳞茎更新，但一般只形成 1 个更新鳞茎，所以野生郁金香不宜采用种球进行快速扩繁。

而以郁金香鳞茎、花茎及其他材料为外植体，通过组培技术进行郁金香种球的快速繁殖，因耗时短、成本较低，多应用于培育新品种、脱毒等特殊领域，是郁金香种球产业化繁育的重要手段。

国际郁金香的组织培养始于 20 世纪 70 年代，国内最早的研究始于 1983 年。而在当下加强对郁金香种球繁育与复壮技术的科研力度，对我国节约成本及种球国产化的进程具有重要意义。

1.2　蝴蝶兰

蝴蝶兰（*Phalaenopsis aphrodite*）别称蝶兰，为兰科蝴蝶兰属植物，被誉为"洋兰皇后"，是热带兰中的珍品。蝴蝶兰花型优美，似蝴蝶翩翩起舞，且色彩艳丽，花期较长，是兰科蝴蝶兰属中一种极具观赏价值的花卉。蝴蝶兰花朵硕大、朵数多、花色艳丽、色泽丰富，可盆栽放置于书房、客厅、卧室等处，典雅大方给人以美的享受，花朵可作新娘的捧花、襟花、胸花，同时也是切好的好材料。

近年来，蝴蝶兰越发受到市场欢迎和消费者青睐，除作盆栽观赏外，切花市场上也拥有蝴蝶兰的身影，前景非常广阔。蝴蝶兰是单茎性气生兰，植株极少发育侧枝，且种子极难萌发，实生苗变异严重，不适于大规模商业种植。而且，蝴蝶兰在自然条件下繁殖困难且速度较慢，难以满足日趋增长的市场需求。因此，蝴蝶兰的传统繁殖方式为分株繁殖，但蝴蝶兰单株性比较强，在栽培过程中很少会产生分株，繁殖系数低，速度慢，不能满足日益增长的市场需求。另外，蝴蝶兰的种子中不含胚乳，常规条件下种子很难萌发，因此研究和开发蝴蝶兰快速繁殖技术具有重要意义。

目前，对兰科植物组织培养的研究，选择的外植体多为某些特定部位，具有一定的局限性。通过对兰花不同外植体的研究，能够扩大兰花组织培养的材料范围，减少对母株的伤害。兰花的种子、叶片、根尖、花梗、茎尖、子房、花萼、花丝等都可作为外植体。

1.3　脱毒方法

White 于 1943 年首先发现，在感染了烟草花叶病毒的植株生长点附近病毒的浓度很低，甚至没有病毒，并且病毒的含量随植株部位和年龄而异。Morel 等在这个启示下，于 1952 年利用感染花叶病毒的大丽菊茎尖分生组织培养，得到了无毒植株。有研究认为植物茎尖分生组织中细胞胞间连丝发育不完全或太细，病原物不能通过扩散作用进入分生组织；也有的认为茎尖组织中存在抑制、钝化这类病原物的物质；还有的认为植物生长点细胞中缺少病毒增殖的感受点而使病原物不能增殖。所以，采取较小茎尖进行培养的植株有可能不带病毒，从而消除病毒的危害。这种方法也可脱除植物菌原体、类细菌和类病毒，并且很多不能通过热处理脱除病原物的却可通过茎尖培养脱掉而培养出无毒苗。因此，目前茎尖脱毒培养已成为解决病毒的一条有效途径。例如在百合上，利用茎尖培养获取无病毒植株或获得脱毒种球，能有效消除病毒病危害，无病毒植株的生长高度明显比有病毒植株高，采用无毒苗的防病效果是显著的。茎尖培养可以结合热处理、茎尖二次培养、微嫁接、愈伤组织培养，脱毒效果更显著。若在此基础上建立起防止再感染的配套综合技术措施，就能更大限度地发挥脱毒苗的防病效益，从根本上将这类病害造成的损失控制在经济允许水平以下。

1.4 脱毒鉴定

通过上述脱毒方法获得的组培苗，还不能肯定是否完全脱除了病原物，必须经过检测证明是脱除了这类病原物的无毒苗，才能在生产中推广应用。近十几年来，人们一直在探索比较简便、快速、准确的检测技术，以满足科研、教学和生产的实际需要。最初人们是通过症状表现来判断，之后采用组织化学染色技术、荧光染色技术、免疫学技术（即免疫荧光、免疫电镜及 PCR）等方法。这些技术在不同的时期起到了有效检测作用。

症状观察法：是根据某些病原物对植株的危害所造成的特有症状，如花叶、畸形、斑驳等，在继代培养中根据组培苗和苗木栽植后的一段时间内是否有特有症状的出现，来判断植株是否脱除病原物，如果有典型症状，就说明没有脱除病原。症状观察法是一种最简便最直接的方法，它一般要与其他检测方法结合起来，才能有效说明植株是否脱除了病原物。

指示植物鉴定法（传染试验）：也称为枯斑和空斑测定法，是利用病毒在其他植物上产生的枯斑来鉴别病毒种类的方法。

抗血清鉴定法：主要根据沉淀反应的原理，即当含有病毒抗体的抗血清与植物病毒相结合时发生血清反应。不同病毒产生的抗血清都有各自的特异性，即对稳定的病毒发生反应，因此，可用已知病毒的抗血清鉴定未知病毒的种类。这种抗血清是一种高度专化性的试剂，且特异性高，测定速度快，一般几个小时甚至几分钟就可以完成，因此抗血清法成为植物病毒鉴定中有用方法之一。

电子显微镜检查法：植物病毒等病原物很小，不能通过肉眼直接观察到，即便用普通光学显微镜也很难看到，但利用电子显微镜可以很容易发现其微粒的存在。通过观察植物体内有无病原物存在，从而确定植物是否脱除了病原物。电镜法与指示植物法和抗血清法不同，它可以直接观察有无病毒粒子，以及观察到病毒粒子的形状、大小、结构和特征，并根据这些特征来鉴定是哪一种病毒。

分光光度法：把病毒的纯品干燥，配成已知浓度的病毒悬浮液，在 260 nm 下测其光密度并折算成消光系数。常见病毒的消光系数都可查出来，根据待测病毒的消光系数就可知道病毒的浓度。本法所测的病毒浓度是指全部核蛋白的浓度，此法测某一已知病毒的纯品很方便，但不适合测量未知病毒的样品，最好与血清法结合起来。

组织化学检测法：是利用迪纳氏染色法反应来判断植株是否带有病原物，即病梢切片经染色后呈阳性，健康植物组织切片呈阴性。这种方法简单、迅速，但有时具有非特异性反应，其可行性有待在生产中进一步检验。

荧光染色检测法：是根据待检材料染色后，在荧光显微镜下发出荧光的情况来判断的。有荧光反应则有病毒存在，无荧光反应则属于健康株，这种检测方法的精确性也不是很高。

PCR 检测法：PCR 技术广泛应用于植物类菌原体的检测，近年来才开始用于植物病毒检测上。它是根据植原体的 16SrRNA 基因序列设计并合成引物，以病原核酸为模板通过 PCR 特异扩增来检测植原体的存在与否。这种检测技术灵敏程度高，特异性强，比传统的方法在准确度和灵敏度上有了大幅度提高。

2. 实验目的

熟悉并掌握郁金香、蝴蝶兰快繁脱毒与鉴定的方法、技术和流程。

3. 实验材料、器具和试剂等

3.1　材料

郁金香鳞片、蝴蝶兰花梗节间侧芽。

3.2　器具

超净工作台、高压灭菌锅、冰箱、常规器具与耗材、电磁炉（或电炉、可加热磁力搅拌器）、万分之一电子天平、pH 仪（或 pH 试纸）、PCR 仪、琼脂糖水平电泳槽、体视镜（解剖镜）、Bio-Rad 全自动凝胶成像仪等。

3.3　试剂

70%～75%酒精、1%～5%次氯酸钠（NaClO）、0.1% $HgCl_2$、MS 培养基、蔗糖、琼脂粉、激素植物生长调节剂（NAA、6-BA、2,4-D、TDZ、KT、IAA、GA_3 等）、柠檬酸、花宝一号、椰子汁、活性炭、病毒唑、Trizol RNA 试剂盒、Prime Script 1st Strand cDNA Synthesis Kit（Ta KaRa）、琼脂糖、引物、无菌水、无菌滤纸、营养土等。

4. 实验步骤

4.1　器具灭菌及培养基配制

4.1.1　器具灭菌

准备实验所需要的器具并灭菌。

4.1.2　配制培养基及灭菌

蔗糖添加 20～30 g/L，5～8 g 琼脂粉，pH 值 5.8～6.0，121℃高温下灭菌

20 min。

（1）郁金香

脱毒初代培养基：MS+6-BA 0.5 mg/L+NAA 5 mg/L+2,4-D 1.0 mg/L；

脱毒继代培养基：MS+6-BA 0.1 mg/L+NAA 0.5 mg/L+GA$_3$ 0.5 mg/L；

愈伤组织诱导培养基：MS+TDZ 2.0 mg/L+NAA 0.5 mg/L+6-BA 1.0 mg/L；

鳞片丛生芽诱导、继代增殖：MS+6-BA 2.0 mg/L+NAA 2.0 mg/L+IAA 0.3 mg/L+AC 1.0 g/L；

茎尖丛生芽诱导培养基：MS+6-BA 2.0 mg/L+NAA 0.1 mg/L；

茎尖丛生芽继代培养基：MS+6-BA 0.4 mg/L+NAA（或IAA）0.2 mg/L；

生根培养基：MS+NAA 1.0 mg/L+KT 0.4 mg/L。

（2）蝴蝶兰

①芽诱导培养基：

MS+6-BA 3.0 mg/L+花宝一号 1.0 mg/L+柠檬酸 30 mg/L；

花宝一号 3 g/L+NAA 0.3 mg/L+6-BA 3.0~5.0 mg/L。

②丛生芽诱导、继代增殖培养基（病毒唑 30 mg/L）：

MS+6-BA 5.0 mg/L+NAA 0.5 mg/L+椰子汁 10%+柠檬酸 30 mg/L；

花宝一号 3 g/L+6-BA 5.0 mg/L+NAA 0.5 mg/L+蔗糖 20 g/L。

③生根培养基：

1/2MS+6-BA 0.1 mg/L+NAA 0.3 mg/L+AC 200 mg/L；

1/2MS+NAA 1.0 mg/L+香蕉汁 10%。

4.2 郁金香快繁步骤

4.2.1 脱毒快繁

外植体预处理与消毒

（1）预冷与冷处理

将选好的种球放入储藏箱内，放入恒温箱或冷凉地方，温度为 9~13℃，进行黑暗或遮光预冷处理 3~4 周时间，保持环境干燥。

然后放入冷藏箱或冷库中进行冷处理，处理温度为 5℃，保持环境干燥，期间随时剔除病腐种球，冷处理 12 周左右种球顶端会有 1~2 cm 芽冒出，或将冷处理过的种球放在室温下，当中心芽端长出 1~2 cm 时，待用。

（2）热处理脱毒

热处理方法也可利用病毒受热的不稳定性而失去其活性达到脱病毒目的。

将冒芽的种球取出，置于光照培养箱在 39℃ 下光照培养 14 h，光照强度 2 000 lx，然后同样温度下黑暗培养 10 h，共处理 1 d。目的是让顶端分生组织膨大，易剥取茎尖。

（3）外植体消毒

取郁金香的种球，去掉种球外面的膜质鳞片，将种球置于流水下冲洗 30 min。于超净工作台中用 75% 乙醇浸泡 30 s，再用 0.1% $HgCl_2$ 溶液浸泡 10 min，倒掉 $HgCl_2$ 并用无菌水冲洗 4~5 次。

（4）剥取茎尖接种培养

放在灭菌滤纸上，解剖刀片剥去 3 层鳞片，取出中间的嫩芽，将嫩芽靠近鳞茎端切段，约 1 cm，然后在高倍解剖镜下剥去叶片，切取带 2 个叶原基的顶端生长点（1 mm 左右），迅速接种于茎尖初代培养基上，诱导产生愈伤组织。

培养条件：温度 25℃，暗培养，培养时间为 6~8 周。

（5）愈伤组织继代培养

将愈伤组织切成 1 cm² 左右的切块，将其转接到继代培养基上，少部分愈伤组织继续生长膨大，绿色加深，在第 3 周左右有少量愈伤组织诱导出不定芽，继续培养至叶片展开。

培养条件：光强 2 000 lx，光照时间 12 h/d，培养温度 25℃。

4.2.2 愈伤组织诱导与快繁

郁金香种球于 5℃ 下处理 40 d 进行春化作用，消毒（同上）后将鳞茎逐层剥开，切成 0.5~1 cm 边长的小方块，放入愈伤组织诱导培养基，光照强度为 1 500~2 000 lx，光照时间每天 12 h，继代培养基相同，至分化出丛生芽（图 2）。

愈伤组织诱导率（%）= 诱导愈伤组织外植体数/接种外植体数×100

愈伤组织分化率（%）= 分化成苗愈伤组织数/形成愈伤组织数×100

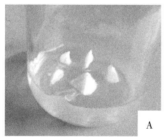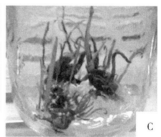

图 2　郁金香外植体愈伤组织诱导与分化

A. 鳞茎块；B. 愈伤组织及分化；C. 分化成苗

4.2.3 鳞茎诱导丛生芽快繁

郁金香种球经春化作用、消毒（同上）后，取中层鳞茎（带鳞茎盘双鳞片）切成 1 cm，按照正常生长方向将鳞片放入丛生芽诱导培养基，在黑暗条件下培养 7 d，再移入光下培养。经过培养在鳞茎盘基部陆续出现白色小突起，双鳞片张开，白色突起逐渐长成小鳞茎，小鳞茎逐渐变大。

10 d 后鳞片开始变绿，20 d 后鳞片凹面出现白色突起，30 d 后突起形成小芽或根。小芽长大后形成鳞茎，部分小芽基部有白根长出，并具有丰富的根毛（图3）。

70 d

90 d

图3 郁金香中层鳞茎（带鳞茎盘双鳞片）70 d、90 d丛生芽

4.2.4 生根及移栽

将丛生芽中已长至5 cm以上的丛芽切离后移入生根培养基，在生根培养的同时，生根苗基部可新增出带根的小鳞茎。将形成完整根系且生长旺盛的试管苗从三角瓶中取出，用自来水将幼苗基部的琼脂洗净，移入装有腐殖土：珍珠岩：蛭石（3：1：1）混合的花盆中。

4.3 蝴蝶兰快繁步骤

4.3.1 外植体获取及消毒

剪取蝴蝶兰母株近基部花梗，将花梗切割为2~3 cm长的切段，每个花梗切段带1个节间侧芽，每节距侧芽上部1 cm、下部1~2 cm。先用洗洁精与自来水清洗30 min，于超净工作台中用75%乙醇浸泡30 s，再用0.1% $HgCl_2$溶液浸泡10~15 min，倒掉$HgCl_2$并用无菌水冲洗4~5遍。

4.3.2 丛生芽诱导

消毒后切去花梗段两端少许部分，按照正常生长方向将花梗节段插入芽诱导培养基，诱导营养芽和花葶；培养过程中若培养基消耗过多或褐化严重则转接1次，培养基不变。

（1）将诱导出的花葶节部横向切割为0.5~0.8 cm的切片，按生长方向接入丛生芽诱导继代培养基，约2个月可见小芽丛。

（2）将诱导出的营养芽从花梗节段基部切下，在培养基中进行丛生芽分化增殖。

pH值在5.4~5.5时，可添加活性炭1.0 g/L、转接周期10 d、温度25℃，降低褐化率，光照强度1 500~2 000 lx。

4.3.3 生根及移栽

当丛生芽生长至1.5 cm时将其切下，转入生根培养基中壮苗生根，约30 d

可见生根，50 d 长出 3 条以上根，2 个月根长超过 1.5 cm，则可进行炼苗。小苗炼苗时，试管瓶不揭盖炼苗 3~4 周。

移栽时挑选炼过苗的蝴蝶兰组培苗，要求其无污染、叶数 3~5 片、叶宽 1.5~2.5 cm、叶子健壮、叶色翠绿、根数 3 条以上、根长 0.8~3.0 cm、根系粗壮有活力、单轴茎较明显。

先将组培苗移至自然光照下培养 4~5 d，将瓶口拧开，1 d 后打开瓶盖，再放置 1 d，然后用镊子小心夹住幼苗，连带培养基一块取出，在清水中洗净附在根上的培养基，用消过毒的湿润水苔包住蝴蝶兰的根部，移栽到塑料小盆中，环境湿度保持在 80% 以上。

4.4 病毒检测（RT-PCR 病毒检测）

待丛生芽苗叶片长出后，剪取少量叶片进行病毒检测，通过本研究建立的一步法 RT-PCR 检测方法对组培苗进行病毒检测，统计脱毒率。

取蝴蝶兰新鲜叶片，液氮研磨成粉状，用 Trizol RNA 试剂盒提取叶片总 RNA，然后用 Prime Script 1st Strand cDNA Synt hesis Kit（Ta KaRa）将 RNA 反转录为 cDNA 第一链，随即保存于 -20℃ 备用。所有操作均按试剂盒说明书进行。

优化后的反应模式：模板 RNA 1 μL，2×1 Step Buffer 25 μL，上、下游扩增引物各 1 μL，Prime Script 1 Step Enzyme Mix 2 μL，加 RNase Freedd H_2O 50 μL。

反应程序：50℃ 30 min 进行 cDNA 合成后，于 94℃ 预变性 2 min，94℃ 变性 30 s，55℃ 退火 30 s，72℃ 延伸 1 min，30 个循环，最后，72℃ 延伸 10 min。对 PCR 扩增产物在 1% 琼脂糖凝胶上进行电泳检测，利用 Bio-Rad 全自动凝胶成像系统分析记录结果，并拍照保存（表 1、图 4、图 5）。

表 1 病毒检测引物序列

病毒	上游引物、下游引物	预期产物/bp	退火温度/℃
黄瓜花叶病毒 CMV	F5′CGTTCACATCTATCACCCTA3′ R5′TACTTTCTCATGTCGCCTAT3′	335	56
	F5′ACCGTGTGGGTTACAGTTCGGA3′ R5′CACGGACTAAGTCGGGAGCATC3	306	58
碎色病毒 TBV	F5′GAGTACGGTCTCAACGACG3′ R5′AGATTTGAGAAGTGCGCCATG3′	200	52
建兰花叶病毒 Cy mmV	F5′CCCCAATTCACTRATCAACCT3′ R5′CCCCAATTCACTRATCAACCT3′	134	54
	F5′CCGGTCACCTCATCAATCGCCA3′ R5′TGCAGGCAGAGCATAGAGGGTG3′	561	58

（续表）

病毒	上游引物、下游引物	预期产物/bp	退火温度/℃
齿兰轮斑病毒 ORSV	F5′ATTTAAGCTCG-GCTTGGGCT3′ R5′GTCTG-GACTTACTTGGACCTC3′	433	58

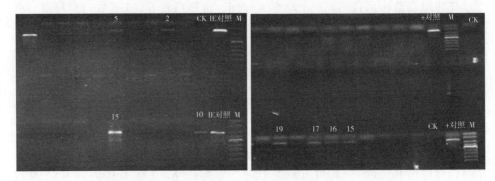

图 4　郁金香黄瓜花叶病毒（左）、碎色病毒（右）PCR 检测

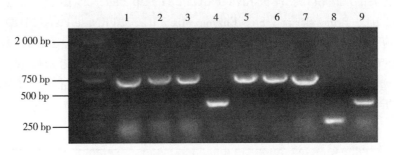

图 5　多重 RT-PCR 检测蝴蝶兰病毒

（条带：1~3 和 5~7 为 Cy mmV，4 为 ORSV，8 为 CMV）

4.5　观察、记录

调查污染率、初生芽、丛生芽诱导率、生根率、移栽成活率等，观察不同时期生长情况，记录丛生芽大小、数目、形态、颜色等。

平均芽数（%）＝分化芽总数/接种花梗段数×100；

丛生芽诱导率（%）＝有效苗（高度在 1.5 cm 及以上的健壮芽苗）数/接种茎尖（芽苗）数×100；

生根率（%）＝生根芽苗数/接种芽苗数×100；

平均生根数（%）＝生根总数/接种芽苗数×100。

5. 注意事项

（1）一定要严格无菌操作，做好记录。

（2）病毒检测时，根据实际实验效果进行体系优化。

（3）反应程序中的退火温度和延伸时间，可根据实际情况略微调整。

6. 实验报告及思考题

6.1　实验报告

（1）观察、记录外植体接种后的污染、存活情况；统计、记录丛生芽诱导情况（发生时间、颜色、大小、生长快慢、诱导率等）。

（2）记录组培苗脱毒的形态学、细胞学、分子水平的差异。

（3）比较不同继代次数的脱毒效果。

6.2　思考题

（1）国内外花卉快繁现状如何？

（2）快繁技术有哪些应用？

（3）郁金香和蝴蝶兰还有哪些重要的病毒？

7. 参考文献

丁兰，郭艳，董刚，等，2012. 国产蝴蝶兰种苗携带建兰花叶病毒（CymmV）和齿兰环斑病毒（ORSV）的调查及脱毒的初步研究 ［J］. 北方园艺（2）：137-140.

黄歆怡，覃茜，谢振兴，等，2018. 蝴蝶兰属植物及其现状研究 ［J］. 农业研究与应用，31（1）：42-47.

李正民，王安石，王健，等，2013. 病毒抑制剂对蝴蝶兰病毒植株的脱毒效果 ［J］. 热带生物学报，4（1）：56-60，73.

毛洪玉，王瑛，刘迪，等，2012. 郁金香离体快繁技术研究 ［J］. 北方园艺（14）：114-118.

苏福聪，何悦，雍强，等，2021. 郁金香种球繁殖与复壮 ［J］. 绿色科技，23（15）：97-101.

田英翠，袁雄强，2006. 郁金香组培快繁技术研究 ［J］. 安徽农业科学（2）：227，232.

涂小云，董小艳，郭春梅，等，2017. 多重 RT-PCR 检测蝴蝶兰 3 种病毒 CymmV、ORSV 和 CMV ［J］. 江苏农业科学，45（5）：91-93.

邢桂梅，刘振雷，张艳秋，等，2018. 三个野生郁金香的繁殖方法 ［J］. 北方园艺（6）：62-67.

闫钟荣，谢承智，宋希强，等，2022. 海南文心兰切花品种病毒病的分子鉴定 [J]. 中南林业科技大学学报，42（11）：53-62.

张西英，刘娜，2017. 郁金香茎尖培养及主要病毒的 RT-PCR 检测技术研究 [J]. 新疆农垦科技，40（1）：53-55.

朱娇，马蕾，刘芳，等，2017. 蝴蝶兰茎尖脱毒再生体系建立与优化 [J]. 山东农业科学，49（6）：60-63.

实验四　马铃薯脱毒快繁

1. 概述

随着国内农业的快速发展，大众对于种植物的需求也有了一定的提升。为了全面应对社会需求上的转变，有关人员针对马铃薯的培养方式进行全面升级，在实际脱毒马铃薯的培育过程中目前使用试管苗快繁技术对农作物进行培养，此技术的应用有效地降低了实际污染程度，提升了培养质量。

在马铃薯的生长过程中，采用大量的试管苗培育技术将其放在玻璃瓶中进行培育，不容易受到外部环境的干扰，减少器皿中的试管苗受到外界细菌的影响，从而降低感染病菌的概率，保证种植物的生长。目前，农户和养殖基地已经逐渐意识到先进技术所能带来的多种优势，正在不断培训技术人才，并呈现大规模种植的发展趋势。

新疆地处干旱半干旱地区，马铃薯种植区主要分布在沿阿勒泰山、昆仑山及天山南北坡的冷凉山区。病毒病是危害马铃薯生产的重要病害之一，马铃薯发生病毒病引起种薯严重退化，可使马铃薯减产 20% ~ 50%，严重的可达 80% 以上。马铃薯通过无性繁殖将病毒进行世代积累和传递，致使产量品质不断下降，不能再留种生产。新疆本地马铃薯用种量大，而合格脱毒种薯应用不到 20%，大多从外地调种，造成近年来马铃薯土传病害发生日益严重。

目前，我国马铃薯生产上主要发生的病毒病有马铃薯 X 病毒（potato virus X，PVX）、马铃薯 Y 病毒（potato virus Y，PVY）、马铃薯 S 病毒（potato virus S，PVS）、马铃薯 M 病毒（potato virus M，PVM）、马铃薯 A 病毒（potato virus A，PVA）和马铃薯卷叶病毒（potato leaf-roll virus，PLRV）等。此外，马铃薯 V 病毒（potato virus V，PVV）、马铃薯帚顶病毒（potato mop - top virus，PMTV）、马铃薯奥古巴花叶病毒（potato aucuba mosaic virus，PAMV）等也是危害马铃薯生产的重要病毒病，其中，PMTV 为我国进境检疫性病毒。这些病毒在世界范围内普遍发生，可通过种薯传播，严重影响马铃薯的产量及品质。国际上通用的马铃薯病毒病防治方法是种植脱毒种薯并严格防控。

病毒在植物体上的分布是不均匀的。幼嫩的茎尖分生组织中的病毒含量少，甚至不含病毒，因此植物茎尖培养是有效的植物脱毒方法，具有周期短、效率高的特点。利用马铃薯茎尖分生组织培养技术，获得脱毒试管苗，成为马铃薯原原种生产的基础环节。

茎尖分生组织脱毒培养技术的关键在于剥取茎尖的大小，茎尖越小，虽然病毒含量越低，但其营养、水分含量也低，培养时对培养基要求就越高，剥离技术要求也越高，培养时的成活率也越小。一般来说，0.2~0.5 mm 的茎尖比较适宜，它包括生长点和 1~2 个叶原基。分生组织培养成功后，需经过病毒检测。

病毒检测方法主要有两类：一类是基于病毒蛋白特性的方法，如双抗体夹心酶联免疫吸附（double antibody sandwich assay enzyme-linked immuno sorbent assay，DAS-ELISA）；另一类是基于病毒核酸特异性的方法，如反转录聚合酶链式反应（reverse transcriptase polymerase chain reaction，RT-PCR）和荧光定量 RT-PCR 法等。

2. 实验目的

学习并掌握马铃薯茎尖剥离及其培养的方法；学习并掌握马铃薯病毒的检测方法。

3. 实验材料、器具和试剂等

3.1 材料

马铃薯薯块幼芽或幼苗。

3.2 器具

超净工作台、高压灭菌锅、酶标仪、PCR 仪、电泳仪、低温高速离心机、凝胶成像仪、微量移液器、镊子、解剖刀、剪刀、9~12 cm 培养皿、100~1 000 mL三角瓶、10~1 000 mL量筒、100~1 000 mL烧杯、电磁炉（或电炉、可加热磁力搅拌器）、万分之一电子天平、pH 仪（或 pH 试纸）、玻璃棒、50~500 mL 试剂瓶、喷壶、打火机（或火柴）、称量勺、称量纸等。

3.3 试剂等

3.3.1 培养基

马铃薯茎尖培养基：MS+0.1 mg/L NAA+30 g/L 蔗糖+5g/L 琼脂。

马铃薯继代培养基：MS+30 g/L 蔗糖+5g/L 琼脂。

3.3.2 其他

2%次氯酸钠、75%酒精、马铃薯病毒 DAS-ELISA 检测试剂盒、三氯甲烷、异丙醇、反转录酶、RNA 酶抑制剂、TaqdNA 聚合酶、10 PCR buffer（Mg^{2+} free）、$MgCl_2$（25 mmol/L）、dNTP 混合物（各 2.5 mmol/L）、100 bp DNA 相对分子质量标准物、焦碳酸二乙酯（DEPC）处理水、TAE 电泳缓冲液。溴化乙锭溶液（10 mg/L）。

3.3.3 引物

PVX、PVY、PVS、PVM、PVA 和 PLRV 引物序列见表 1，用水将引物分别

配制成 100 μg/μL 的溶液。

表 1 病毒引物序列

病毒名称	引物名称	引物序列	PCR 扩增片段长度/bp
PVS	PVS-F	GAGGCTATGCTGGAGCAGAG	729
	PVS-R	AATCTCAGCGCCAAGCATCC	
PVS	PVS-F	TCTCCTTTGAGATAGGTAGG	602
	PFS-R	CAGCCTTTCATTTCTGTTAG	
PVX	PVX-F	ATGTCAGCACCAGCTAGCA	711
	PVX-R	TGGTGGTGGTAGAGTGACAA	
PVM	PVM-F	ACATCTGAGGACATGATGCGC	520
	PVM-R	TGAGCTCGGGACCATTCATAC	
PVY	PVY-F	GGCATACGGACATAGGAGAAACT	447
	PVY-R	CTCTTTGTGTTCTCCTCTTGTGT	
PLRV	PLRV-F	CGCGCTAACAGAGTTCAGCC	336
	PLRV-R	GCAATGGGGGTCCAACTCAT	
PVA	PVA-F	GATGTCGATTTAGGTACTGCTG	273
	PVA-R	TCCATTCTCAATGCACCATAC	

4. 实验步骤

4.1 马铃薯茎尖剥离和培养

4.1.1 催芽

将马铃薯块茎用自来水冲洗，用 0.5~1 mg/L 赤霉素溶液浸泡 10~15 min。切块，保持在 20℃左右、湿润的环境下催芽。

4.1.2 消毒

待芽长至 1~2 cm 还未展叶时，将芽剪取置于烧杯中，用纱布封口，在自来水下冲洗，然后于超净工作台上在 75% 乙醇中浸泡 30 s，再用 2% 次氯酸钠浸泡 15 min，然后用无菌水冲洗 3~5 次。

4.1.3 剥取茎尖

在超净工作台上把灭菌的茎尖放在 30~40 倍双筒解剖镜下，用解剖针逐层剥去茎尖周围的幼叶，直到露出圆滑的生长点，切取 0.2~0.5 mm 带有 1~2 个叶原基的茎尖分生组织。

4.1.4 茎尖培养

切取的茎尖分生组织随即接种到培养基上，切面接触琼脂，置于培养室进行离体培养，温度（24±2）℃，光照 2 000 lx，每天光照 14 h。培养过程中观察并记录茎尖转绿成苗情况，当茎尖明显伸长、叶原基形成可见小叶时，将其转到无激素的 MS 培养基上培养，苗高 4~5 cm 时开始切繁，以备病毒检测（图 1）。

图 1 马铃薯茎尖剥离及小苗的生长（白云等，2017）

a. 刚剥离的马铃薯茎尖组织；b. 茎尖生长至第 4 周；c. 茎尖生长
至第 8 周；d. 转接后的脱毒幼苗

4.2 DAS-ELISA 法检测马铃薯病毒

按照检测试剂盒说明书操作，并按说明书溶解或稀释相关试剂。

4.2.1 制样

（1）取待检测的马铃薯试管苗、叶片和植株等样品 0.1~0.15 g 放入样品袋中，加入 1.0~1.5 mL 提取缓冲液，将样品充分研磨。

（2）将样品袋中的植物汁液挤入 1.5 mL 的离心管中，于 4℃、4 000 r/min 离心 3 min，取上清液备用。

（3）将包被好的酶标板取出，向每孔中加入 100 μL 样品上清液；并设置阴性对照孔和阳性对照孔，即分别加入 100 μL 阴性和阳性对照溶液。

（4）将酶标板用封板膜密封好，放入 4℃ 的冰箱内过夜或 37℃ 孵育 3 h。

4.2.2 加酶标抗体溶液

（1）向酶标缓冲液中加入酶标抗体（IgG-AP）。按说明书推荐的 IgG-AP 使用浓度，将 IgG-AP 加入到酶标缓冲液中，轻轻混匀，此混合液称为酶标抗体溶液。

（2）洗板。每板加入 200 μL 磷酸盐缓冲液，浸泡 1 min，倒空酶联板，立即在吸水纸上吸干残余液体。洗板 3~4 次。

（3）向每个样品孔中加入 100 μL 酶标抗体溶液。

（4）于 37℃ 下孵育 2 h 或 4℃ 过夜。

4.2.3 加底物溶液

（1）用底物缓冲液洗板 3~4 次。

（2）向每个样品孔中加底物溶液 100 μL，然后将酶标板在室温（20 ~ 25℃）避光孵育。加入底物溶液 5 min 开始观察结果，当阳性对照明显显色后，将酶标板置于酶标仪中测定在波长 450 nm 处的吸光度 OD 值，60 min 内结果有效。

4.3 RT-PCR 法检测马铃薯病毒

4.3.1 RNA 提取

（1）取待检测的马铃薯试管苗、块茎芽眼及周围组织或茎叶组织 0.05~0.1 g，加液氮研磨成粉末，转至 1.5 mL 离心管，加入 TRIzol 混匀，使其充分裂解。

（2）于 4℃、14 000 g 离心 5 min。

（3）取上清，加入 200 μL 三氯甲烷，震荡混匀，室温放置 15 min。

（4）于 4℃、12 000 g 离心 5 min。

（5）取上层水相至新的 1.5 mL 离心管中，加入 0.5 mL 异丙醇，混匀，室温放置 10 min。

（6）于 4℃、12 000 g 离心 10 min。

（7）弃上清，留沉淀，加入 1 mL 75% 乙醇，温和震荡离心管，悬浮沉淀。

（8）于 4℃、7 500 g 离心 5 min。

（9）弃上清，将离心管倒置于滤纸上，自然干燥，加入 25~100 μL dEPC 水溶解沉淀，即得到 RNA。

4.3.2 单重 RT-PCR

（1）反转录。

① 反转录引物：PVS、PVX、PVM、PVY、PLRV 或 PVA 病毒的特异性下游引物（表 2），也可以用随机引物或 oligo-dT（随机引物和 oligo-dT 不适用于 PLRV，只能用于其他 5 种病毒）。

② RNA 预变性：取 2.5 μL RNA，65℃ 8 min，冰上放置 2 min。

③ 反转录体系：加入 0.5 μL 下游引物，反转录反应程序和反应体系中其他成分按照反转录酶说明书，混合物瞬时离心，使试剂沉降到 PCR 管底。反转录反应后取出直接进行 PCR 或置 -20℃ 保存。

（2）PCR 扩增。

① PCR 扩增引物：上、下游引物见表 2。

② PCR 反应体系：按表 2 顺序加入试剂，混匀，瞬时离心，使液体都沉降到 PCR 管底。

③ PCR 反应程序：92℃预变性 5 min；92℃变性 30 s，55.5℃退火 30 s，72℃延伸 45 s，循环 30 次；72℃延伸 8 min。

表 2　PCR 扩增反应体系

试剂名称	用量/μL
DEPC 水	16.5
反转录产物	2.0
上游引物	0.5
下游引物	0.5
10×PCR 缓冲液	2.0
$MgCl_2$	2.6
dNTP	0.25
Taq 酶	0.15
总量	24.5

4.3.3　多重 RT-PCR

采用双重和三重 RT-PCR 检测 PVS、PVX、PVM、PVY、PLRV 和 PVA 6 种病毒。应用固定的组合，双重 RT-PCR 病毒组合为 PLRV+PVY、PVM+PVS、PVX+PVA。三重 RT-PCR 病毒组合为 PLRV+PVY+PVS 和 PVM+PVX+PVA。

（1）反转录。执行双重 RT-PCR 的反转录时，每种病毒下游引物 0.5 μL，DEPC 水减少 0.5 μL；执行三重 RT-PCR 的反转录时，每种病毒下游引物加 0.5 μL，DEPC 水减少 1.0 μL，其他操作参照单重 RT-PCR 的反转录部分。

（2）PCR 扩增。执行双重 PCR 时，每种病毒上、下游引物各加 0.5 μL，DEPC 水加入 15.5 μL；执行三重 RT-PCR 时，每种病毒上、下游引物各加 0.5 μL，DEPC 水加入 14.5 μL，其他操作参照单重 RT-PCR 的 PCR 部分。

4.3.4　PCR 产物的电泳检测

（1）琼脂糖凝胶板制备。称取琼脂糖 1.5 g，加入 ATE 电泳缓冲液定容至 100 mL，微波炉中加热至琼脂糖融化，待溶液冷却至 50~60℃时，加溴化乙锭溶液 5 μL，摇匀，倒入制胶板中均匀铺板，凝固后取下梳子。

（2）在电泳槽中加入 TAE 电泳缓冲液，使液面刚刚超过琼脂糖凝胶板。

（3）取 5 μL PCR 产物分别和 2 μL 加样缓冲液混合后，加入到琼脂糖凝胶板的加样孔中，以 5 μL 100 bp DNA 相对分子质量标准物为参照物在恒压下电泳（120~150V）20~30 min。

（4）将凝胶放到凝胶成像系统上观察结果。

4.4　检测结果分析

茎尖接种、转接约 30 d、60 d 和 80 d 后，分别统计茎尖成活率、成苗率以及脱毒率。

茎尖分生组织发育为可见的绿点称为成活，成活茎尖长出带有 2 个以上叶片的小植株称为成苗，成活率为成活茎尖个数与接种茎尖个数之比，成苗率为成苗个数与接种茎尖个数之比。脱毒率为无病毒苗个数与检测的试管苗个数之比。

DAS-ELISA 法检测马铃薯病毒时，用酶标仪测定样品在 450 nm 波长处的吸光度 OD 值，一般情况下，$OD_{450} \geq 2 \times$ 阴性对照的样品判断为感染病毒。亦可用肉眼初步判断，即根据阳性对照和阴性对照的反应来判定样品是否感染病毒，阳性对照和感病的样品表现为黄色，颜色的深浅与样品中病毒的含量成正比。

RT-PCR 法检测马铃薯病毒，在阴性对照和空白对照无扩增条带而阳性对照有预期大小的特异性条带时，待测样品扩增到预期大小的特异性条带，则判定样品为该种病毒阳性，若未扩增到预期大小的特异性条带，则判定样品为该病毒阴性。

5. 注意事项

（1）操作过程一定要细致，并且确保无菌解剖微茎尖。

（2）提取 RNA 时注意防护，避免 RNA 降解，检测失效。

6. 实验报告及思考题

6.1　实验报告

（1）观察、记录马铃薯微茎尖接种后的污染、存活情况。

（2）统计、记录马铃薯微茎尖脱毒效果。

（3）记录并分析实验过程中出现的问题及解决方法。

6.2　思考题

（1）茎尖培养为什么能够获得脱病毒植物，影响茎尖脱毒培养成功的因素有哪些？

（2）比较 DAS-ELISA 法和 RT-PCR 法检测马铃薯病毒的原理及其灵敏度差异。

7. 参考文献

白艳菊，2016. 马铃薯种薯质量检测技术 ［M］. 哈尔滨：哈尔滨工程大学出版社 .

白云，马箭超，聂文丹，等，2017. 一种简易快速获得脱毒马铃薯幼苗的方

法 [J]. 河北师范大学学报（自然科学版），41（2）：169-171.

冯怀章，杨茹薇，刘易，等，2017. 新疆马铃薯脱毒种薯繁育技术 [J]. 农村科技，390（12）：10-12.

卢娟，2017. 马铃薯脱毒快繁技术 [J]. 河南农业（14）：23-24.

彭霞，赵佐敏，张慧，等，2019. 马铃薯脱毒试管苗快繁技术 [J]. 农业与技术，39（20）：42-43.

齐恩芳，王一航，张武，等，2007. 马铃薯茎尖脱毒培养方法优化研究 [J]. 中国马铃薯，21（4）：200-203.

实验五　模式植物的组织培养

1. 概述

早在 19 世纪末 20 世纪初，人们就开始利用少数结构简单或性状易于观察的生物为研究对象，探索生物发育的一般规律。因为对这些生物的研究具有帮助我们理解生命世界一般规律的意义，所以它们被称为"模式生物"。

模式生物是指生物学家通过对选定的生物物种进行科学研究，用于揭示某种具有普遍规律的生命现象生物物种。最常见的模式生物有：逆转录病毒（retrovirus）、大肠杆菌（*Escherichia coli*）、酵母［budding yeast（*Saccharomyces cerevisiae*）、fission yeast（*Schizosac charomyces pombe*）］、秀丽线虫（*Caenorhabditis elegans*）、果蝇（*Drosophila melanogaster*）、斑马鱼（*Danio rerio*）、小鼠（*Musmusculus*）等。此外，模式植物包括：拟南芥（*Arabidopsis thaliana*）、水稻（*Oryzasativa* L.）等。人们通过对模式生物的结构特点、发育过程、代谢特征、环境适应、系统发育等的研究，不仅能回答生命科学研究中最基本的生物学问题，为我们深入了解生物现象提供了重要的数据和工具，而且也为生物学、医学、农业等领域的研究提供了重要的理论支持和技术支持。

本实验主要以分子生物学研究中常用的模式植物烟草（*Nicotiana tabacum* L.）、水稻（*Oryza sativa* L.）、番茄（*Solanum lycopersicum* L.）为例，介绍这 3 种植物组织培养的流程及各阶段的培养基配方。

2. 实验目的

掌握烟草、水稻、番茄的组织培养方法，了解模式植物在植物分子生物学研究中的重要意义。

3. 实验材料、器具和试剂

3.1　实验材料

烟草、水稻、番茄的种子。

3.2　器具

超净工作台、高压灭菌锅、镊子、100～1 000 mL 三角瓶、10～1 000 mL 量筒、100～1 000 mL 烧杯、电磁炉（或电炉、可加热磁力搅拌器）、万分之一电子天平、pH 仪（或 pH 试纸）、玻璃棒、50～500 mL 试剂瓶、打火机（或火柴）、称量勺、称量纸等。

3.3 试剂

70%~75%酒精、1%~5%次氯酸钠（NaClO）溶液、MS培养基、蔗糖、琼脂粉、激素植物生长调节剂（2,4-D、NAA、6-BA等）、无菌水、无菌滤纸。

4. 实验步骤

4.1 1/2 MS培养基制备

根据实验一的配方配制1/2 MS培养基，蔗糖添加量30 g/L，5~8 g琼脂粉，pH值6.0，121℃高温下灭菌20 min。

4.2 无菌苗的获得

（1）种子消毒。分别取适量发育良好饱满的烟草、水稻（剥去颖壳）、番茄的种子，由于烟草和番茄种子较小，为了方便操作可用纱布包好，于超净工作台上在75%乙醇中浸泡30 s，再用2%次氯酸钠浸泡10~15 min，然后用无菌水冲洗3~5次，再用无菌吸水纸吸去种子表面的水分。

（2）接种。将种子均匀地接种于1/2 MS培养基上，封好培养瓶口，于室温暗培养至发芽。

（3）无菌苗的培养。待植物种子发芽后，将培养瓶移至光照培养室，于(26±2)℃以16 h光照8 h黑暗培养至4~5片真叶。

4.3 愈伤组织及不定芽的分化

4.3.1 烟草愈伤组织及不定芽的分化（图1）

图1 烟草组织培养过程

（1）烟草愈伤组织诱导及幼芽分化培养基。MS+2,4-D 0.5 mg/L+6-BA 1.0 mg/L+3%蔗糖+0.8%琼脂，pH 值调至 5.8。

（2）于超净工作台将烟草无菌苗叶片用无菌剪刀剪成 1 cm 见方平整的小块，均匀地接种于诱导培养基上，于光强 2 000 lx、以 12 h 光照 10 h 黑暗条件下培养。

（3）2~3 d 后，叶片外植体卷曲、增厚、膨胀。

（4）15 d 后外植体脱分化形成疏松絮状浅黄绿色的愈伤组织。

（5）30 d 后，从叶片外植体产生的疏松愈伤组织上分化出许多浅黄绿色芽点。

（6）60 d 后，不仅从愈伤组织上分化出越来越多幼芽，而且还可观察到该愈伤组织较早分化产生的幼芽叶片呈现不同程度白化（或缺绿）。但此时若将此缺绿幼芽切下，转接至不加 2,4-D 的幼芽增殖培养基（1）上。3~5 d 后即可恢复正常，缺绿症状消失，并可不断增殖，发育成绿色健壮的小苗。

4.3.2 水稻愈伤组织诱导及芽的分化（图2）

（1）培养基

诱导培养基：N6（CHU-N6 Medium）+ 2，4-D 2.0 mg/L + 酪蛋白 2.0 g/L+ 蔗糖 30 g/L + 琼脂 6 g/L，pH 5.8；

分化培养基：MS + NAA 0.1 mg/L + KT 2.0 mg/L + 肌醇 0.1 g/L + 蔗糖 50 g/L + 琼脂 12 g/L，pH 5.7；

图2　水稻组织培养过程（引自刘艳涛等，2022）

生根培养基：MS + 肌醇 0.1 g/L + 蔗糖 30 g/L + 琼脂 6 g/L，pH 5.7；

（2）愈伤组织诱导

诱导：将经消毒的种子接种于愈伤组织诱导培养基上（在直径 9 cm 的培养皿放入 15~20 枚颖果），放入组培室，26℃，每日光照 12 h。大约诱导一个星期就能开始长出愈伤组织，20 d 以后就能生长出大量的愈伤组织。

（3）分化与生根

挑选淡黄色颗粒状，微硬有弹性的成熟愈伤组织接种在分化培养基，培养条件同上。待苗长至 3~5 cm 后剪去其全部根，然后转移至生根培养基上，1~2 d 就能长出新根。

4.3.3　番茄愈伤组织诱导及芽的分化（图 3）

（1）愈伤组织诱导。取无菌苗的子叶做外植体，外植体大小 0.6 cm 左右，接种到诱导愈伤培养基上（MS+IAA 0.1~0.5 mg/L+6-BA 1.0 mg/L+3% 蔗糖+0.7% 琼脂）。25℃，暗培养箱培养，一般培养 10 d 左右开始有愈伤组织形成。

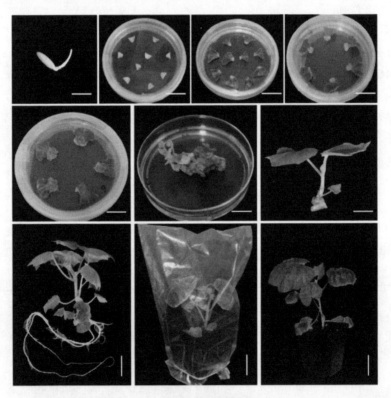

图 3　番茄组织培养过程

（2）芽的分化。愈伤产生后，接种到分化培养基（MS + IAA 0.02 ~

0.05 mg/L+6-BA 1.0 mg/L+3% 蔗糖+0.7% 琼脂），25℃，光照时间 14 h/d 培养。一般愈伤组织形成后 2 周左右就会有分化的丛生芽开始形成。

（3）生根与移栽。分化培养出的苗长到 1.5 cm 后转入生根培养基中，生成发达根系后，揭开培养膜往三角瓶中倒入少许水，并将三角瓶移至室外自然光下接受炼苗，3~5 d 后洗去苗根部的培养基后转入基质中培养，能成为正常植株。

5. 结果分析

分析烟草、水稻、番茄愈伤组织形成过程中的颜色、状态、芽形成的速度及培养条件，可以设置不同的培养条件探索最佳的培养条件，提高出愈率、形成芽的数量。

6. 思考题

（1）不同模式生物的特点有哪些？
（2）举例分析模式植物组织培养的应用。

7. 参考文献

曹孜义，刘国民，1996. 实用植物组织培养教程 ［M］. 兰州：甘肃科学技术出版社.

赖小芳，陈伟强，王健康，等，2017. 番茄'7728'组织培养及植株再生研究 ［J］. 上海农业学报，33（4）：35-39.

李泽民，1992. 植物组织培养教程 ［M］. 北京：中国农业大学出版社.

刘艳涛，王玉亮，陈雄辉，等，2022. 水稻成熟胚组织培养特性的细胞质效应研究 ［J］. 杂交水稻，37（5）：14-18.

第二部分　综合实验

实验六　新疆特色果树组织培养与快繁

1. 概述

新疆独特的地理、气候条件和土壤类型，孕育了十分丰富的新疆特色果树植物资源。

1.1　巴旦杏

巴旦杏又称扁桃（*Prunus dulcis* L.），蔷薇科李亚科桃属植物，为世界著名干果与木本油料树种（图1）。种仁营养价值极高，不仅是滋补佳品，也是防治高血压等心血管疾病的重要药材。巴旦杏种仁含有丰富的蛋白质、糖、无机盐、维生素以及钙、镁、钠、铁等18种元素，是一种营养成分全面的干果。巴旦杏仁在世界市场上销售量很大，价格相当于我国杏仁的 1.5~3 倍。此外，巴旦杏叶子含蛋白质、粗脂肪、粗纤维，还含有丰富的赖氨酸、蛋氨酸、苏氨酸和异亮氨酸等，是牛、羊等牲畜理想的天然饲料。巴旦杏果皮含钾盐、可作肥料、肥皂和饮料，果壳可作活性炭，用作石油工业的缓冲物。巴旦杏是固土、防风、改善土壤性状的优良树种。

图1　新疆巴旦杏

我国巴旦杏主要分布于新疆塔城兵团九师 161 团、裕民县、托里县和喀什莎车县和英吉沙县，属于干旱荒漠地区的抗旱树种，其中野生巴旦杏林面积约 667 hm²，由于该树种适于在温暖干旱的环境中生长，因此集中分布在巴尔鲁克山西北坡，其他地区零星种植。并且可利用的优良品种穗条少，繁殖速度慢，限制了巴旦杏产业的发展。实生繁殖虽然数量大，但变异较大。而组织培养能用较少的材料，在短时间内批量繁殖出优良的巴旦杏品种。

目前，由于各种原因导致巴旦杏的分布区域不断缩小，巴旦杏林带所处的环境日益恶化；受新疆北部地区的气候条件限制，巴旦杏的繁育还存在一定的障碍，需进一步加强科研、升级技术手段，以提高巴旦杏繁育的成活率。

1.2　新疆野苹果

新疆野苹果［*Malus sieversii*（Ledeb.）Roem.］属蔷薇科苹果属植物，苹果属多年生乔木，又名塞威氏苹果（图2）。原产于我国新疆伊犁哈萨克自治州的天山中及苏联中亚西亚加盟共和国内，特别是与新疆相邻的西天山分布较多。在新疆主要分布在伊犁河谷两侧的天山，海拔 1 000~1 700 m，包括新疆的巩留、新源、霍城、额敏及裕民，哈萨克斯坦的阿拉木图州、塔尔迪库尔干州及吉尔吉斯斯坦的伊塞克湖州等。新疆野苹果抗寒、抗旱、抗病虫、耐瘠薄，在我国西北地区被广泛用于苹果生产的优良砧木。此外，新疆野苹果的枝叶和果实均为紫红色，而且从幼果到成熟果实一直表现为紫红色，又耐修剪，属难得的观叶、观花、观果树种，可广泛用于城市绿化。新疆野苹果有比较高的利用价值，可加工成果粉、果丹皮、果酱、果酒、果汁，有些类型还可直接食用。但是，由于农田开发、过度放牧、人为砍伐等危害，新疆野苹果的群落面积急剧减少，现已被列为我国具有国际意义的生物多样性优先保护物种和国家濒危二级保护植物。已有研究证明新疆野苹果是现代栽培苹果祖先，是非常珍贵的天然基因资源库，其蕴含丰富的遗传多样性，对现代栽培苹果遗传改良与新品种培育具有重要意义，具有极高的科研价值和保护价值。

图 2　新疆野苹果

1.3　库尔勒香梨

库尔勒香梨（*Pyrus sinkiangensis* Yü），属蔷薇科梨属中的白梨系统，主要分布于巴州地区的库尔勒市及轮台县、尉犁县等地（图3）。库尔勒香梨是新疆名优特果树之一，具有色泽悦目、味甜爽滑、香气浓郁、皮薄肉细、酥脆爽口、汁多渣少、落地即碎、入口即化、耐久贮藏、营养丰富等特点，被誉为"梨中珍品""果中王子"，已成为我国重要的出口创汇农产品之一。目前，库尔勒香梨普遍存在坐果率低、产量不稳定的问题，常规育种预见性差、周期长、效率较低，因此选育稳产高产的优良品种成为亟待解决的问题，利用遗转化改良性状是当前果树高效育种的重要策略，而组织培养再生体系的建立为有效遗传转化奠定了基础。

目前有关库尔勒香梨茎尖组织培养技术的研究已有一定进展。

图 3　库尔勒香梨

2. 实验目的

掌握几种新疆特色果树的组织培养技术，学习果树种质资源创新及新品种选育的思路。

3. 实验材料、器具和试剂等

3.1　材料
新疆巴旦杏、新疆野苹果、库尔勒香梨等嫩枝（侧芽）、种子。

3.2　器具
常规器具。

3.3　试剂等
70%~75%酒精、1%~5%次氯酸钠（NaClO）溶液、0.1% $HgCl_2$溶液、MS培养基、MCM培养基、蔗糖、琼脂粉、激素及植物生长调节剂（6-BA、IBA、NAA、GA_3等）、AC、$AgNO_3$、吐温80、珍珠岩基质、氯霉素、百南清、多菌灵、无菌水、无菌滤纸等。

4. 实验步骤

4.1 器具灭菌及培养基配制

4.1.1 器具灭菌

准备实验需要器具并灭菌，方法同实验二。

4.1.2 配制培养基及灭菌

蔗糖添加量 30 g/L，5～8 g 琼脂粉，pH 值 5.8～6.0，121℃ 高温下灭菌 20 min。

（1）巴旦杏培养基。

茎尖初代诱导培养基：MS+6-BA 0.5 mg/L+NAA 0.05 mg/L；

茎尖增殖培养基：MS+6-BA 1.0 mg/L+NAA 0.05 mg/L+GA$_3$ 1.0 mg/L；

茎尖生根培养基：MCM+6-BA 1.0 mg/L+NAA 0.05 mg/L；

成熟胚诱导培养基：MS+NAA 0.1 mg/L；

成熟胚继代培养基：1/2MS+NAA 0.2 mg/L；

成熟胚生根培养基：1/2MS+6-BA 0.04 mg/L+IBA 1.0 mg/L。

（2）新疆野苹果培养基。

种子萌发培养基：MS；

实生苗增殖培养基：MS+6-BA 0.4 mg/L+NAA 0.1 mg/L；

实生苗丛生芽生根培养基：1/2 MS+NAA 1.0 mg/L；

茎段诱导培养基：MS+6-BA 0.5 mg/L+NAA 0.1 mg/L；MS+6-BA 0.5 mg/L+IAA 0.5 mg/L；

茎段增殖培养基：MS+6-BA 0.5 mg/L；

茎段侧芽生根培养基：1/2 MS+NAA 1.0 mg/L；1/2 MS+IAA 1.0 mg/L。

（3）新疆库尔勒香梨培养基。

茎尖增殖培养基：MS+6-BA 1.5 mg/L+IBA 0.1 mg/L+GA$_3$ 1.5 mg/L；

茎尖丛生芽生根培养基：1/2 MS+AC 0.05 g/L+IBA 1.0 mg/L；

叶片愈伤组织诱导（继代）培养基：1/2 MS + TDZ 1.0 mg/L + IBA 0.5 mg/L+AgNO$_3$ 0.5 mg/L；

叶片丛生芽生根培养基：1/2 MS+IBA 0.5 mg/L+NAA 0.9 mg/L。

4.2 外植体获得及培养

4.2.1 巴旦杏

4.2.1.1 灭菌接种及诱导丛生芽

培养温度为 25～32℃，光照强度为 2 000 lx，光照时间为 12～16 h/d。用同一种培养基重复试验 3～5 次，外植体重复数达 100 个以上。

（1）茎尖诱导丛生芽、继代、生根。

① 剪取已展叶的顶尖，去叶后取茎尖部分。在超净工作台上，先用75%酒精处理30 s，0.1%的 HgCl₂ 灭菌5~6 min（或2% NaClO 处理10 min），无菌水冲洗5~6次，剥离大的叶片，切除灭菌剂接触的伤口部分，分别接种于初代诱导培养基上。每个处理20个样本，30 d 后调查外植体生长分化情况。剪取约0.5 cm 高的单芽转接在不同的增殖培养基上，每个处理25个样本，30 d 后调查外植体生长分化情况。

② 采集未发芽的优质品种枝条，经剪截处理后，在室内水培发芽。待芽长至2 cm 左右时将嫩芽采下，灭菌后（方法同展叶茎尖）接种至 MS 增殖培养基上。

③ 当增殖培养基上的芽长至1 cm 左右时，将其剪下接种至生根培养基中诱导生根。

（2）成熟胚诱导丛生芽、继代、生根。

① 将巴旦杏成熟种子的外壳去掉，把核仁在蒸馏水中浸泡24 h，再用蒸馏水洗3次，70%的酒精液内消毒15 s，然后用1.5%的 NaClO 消毒10 min（或0.1% HgCl₂+4 mg/L 吐温80 混合液进行表面消毒，时间为1 min）。再用蒸馏水洗3次，进行表面消毒时，因种子已剥去种皮，材料很嫩，这时操作速度一定要迅速，要不断振荡，使材料与消毒溶液充分接触。

② 最后将子叶切开取出胚，再接种到胚诱导培养基上，先阴处培养，1周后在光下培养，20~25 d 继代1次。胚培养同时进行纵切胚的比较培养。

（3）成熟胚形成的完整植株长到10 cm 左右时，将每一棵植株的叶片连柄切去，然后把茎切成1~2 cm 小段，每一个茎段必须留1~2个腋芽，接种到成熟胚继代培养基上。继代的植株长到5~10 cm 时再次进行继代培养，用同一种培养基重复试验3~5次，外植体重复数达100个以上。

取继代增殖3代以上的丛生芽为材料进行壮苗培养，然后选取整齐一致的嫩茎，长3~5 cm，在100 mg/L IBA 溶液中分别浸渍60 min，处理50株嫩茎，而后接种在生根培养基中。

4.2.1.2 练苗及移栽

对受试材料的试管苗进行增殖、壮苗及生根后，取健壮5片真叶的苗，先进行闭瓶强光炼苗（20 000~30 000 lx 自然光下）10 d 左右，放到正常室温下2 d，室内保持相对湿度在70%以上，然后再移到遮阴棚下2~5 d，再把瓶盖打开一半2 d 左右，后全部打开瓶盖2~5 d，试管苗出瓶，进行瓶外珍珠岩基质（1份珍珠岩+1份园土+2份河沙）移栽。移栽时，选择生长健壮、无病虫害，高3~4 cm，有2~4条完整根系的组培苗轻轻取出，在清水中洗净根系上培养基，再在800~1 000倍氯霉素或百南清溶液中浸泡5~6 min，栽植深度以埋住根系不倒为宜，栽好后将盘穴置于苗床上，立即浇透水。

移栽前注意对珍珠岩基质进行消毒处理，在珍珠岩苗钵中，将 MS 营养液配制成原液浓度的 1/4 倍营养液浇灌移栽苗，移植中保持温度为 20~25℃，相对湿度大于 80% 的条件下，保温、保湿 25 d 左右成活。移栽 1 周后可逐步揭膜以降低相对湿度，逐步降至环境湿度，以 70%~75% 为宜。如出现轻度萎蔫，应及时盖膜并喷雾，进行保湿、增湿。2 周后，适当减少喷雾次数，切忌不能用水进行浇灌，否则容易引起烂根，造成组培苗死亡。前期要适度遮阴，以减弱组培苗的蒸腾作用，然后逐步增加光照（以散射光为主），加强组培苗的光合作用，提高自养能力。

4.2.2　新疆野苹果

4.2.2.1　新疆野苹果实生苗快繁

培养条件为 25℃，光周期为 12 h 光照/12 h 黑暗，光照为 2 000~3 000 lx。

（1）获得无菌苗。

将野苹果果实表面先以 75% 乙醇充分消毒后，立即剥除种皮，取出新鲜种胚，无菌水清洗 3~5 次，置于少量无菌水的锥形瓶中培养 5 d，然后插至 MS 培养基中获得无菌苗（图4）。待种子子叶变绿、胚轴伸长后转移至 MS 培养基上，至长出真叶后即可转移至含不同浓度 6-BA 的增殖培养基，每 30 d 继代 1 次。培养 35 d 后统计新疆野苹果增殖情况，目测计数侧芽数，并统计。

图4　野苹果种子在无菌条件下萌发及幼苗生长

（2）生根。

选取经过增殖 35 d、长势状态较为一致的野苹果侧芽，切下后插入生根培养基中，生长 50 d 后统计生根情况（图5）。

平均主根根数＝主根总条数/生根苗数；

生根率（％）＝生根数/移栽总数×100

4.2.2.2　茎段侧芽诱导及生根

（1）消毒灭菌。

首先取生长健壮带腋芽的幼嫩茎段，剪除叶片，用流水冲洗，并用刷子将表面尘土刷洗干净。在无菌条件下，用 70% 乙醇 10s+0.1% HgCl$_2$10 min+70% 乙醇 10 s 依次消毒，再用无菌水反复冲洗 5 次，然后用无菌滤纸吸干表面水分。

图5　新疆野苹果组培苗及生根情况

（2）诱导、增殖及生根。

经消毒后的枝条切成1~2 cm带腋芽的茎段，接种到增殖培养基上，40 d后统计结果，然后接种于生根培养基上，15 d后统计结果（图6）。

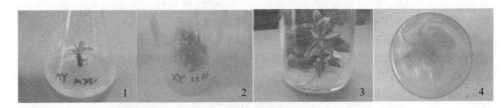

图6　新疆野苹果茎段快繁

1. 诱导培养；2. 增殖培养；3~4. 生根培养

4.2.2.3　移栽

选取在生根培养基中生长出10条左右根、株高5 cm左右健壮的野苹果组培苗，进行2种处理。

（1）在自然光照下，打开组培瓶炼苗3~4 d，至肉眼可见培养基出现菌落时，将野苹果苗从组培瓶中取出，仔细清洗根部。

（2）将野苹果苗从组培瓶中取出，仔细清洗根部后水培5 d，覆盖保鲜膜防止水分过度散失，水中加入少量营养液并利用加氧装置进行增氧，2 d更换1次水。

组培苗移栽在由珍珠岩∶草炭∶园土＝1∶4∶5比例配制成的潮湿土壤中（浇水时加入3%多菌灵），覆盖保鲜膜，3 d喷雾1次以及适量浇水，7 d左右去除保鲜膜，30 d后进行观察并统计移栽成活率。

移栽成活率（%）＝成活个体数/移栽总数×100

4.2.3　新疆库尔勒香梨

4.2.3.1　取材及灭菌

3 月底至 4 月初采集一年生休眠枝条，先将嫩芽用流水冲洗 30 min；再用 70% 酒精浸泡 15 s 后用无菌蒸馏水清洗，重复 3 次，前两次清洗 3 min，最后一次清洗 5 min；之后用 0.1% $HgCl_2$ 浸泡灭菌，浸泡 5 min。灭菌浸泡时要不间断地匀力振荡，最后用无菌蒸馏水冲洗 5 次。

4.2.3.2　茎尖接种、继代培养

将消毒的芽苞剥去鳞片，取茎尖接种到增殖培养基中，每处理接种 10 个外植体。接种后置于人工气候箱，温度 25℃，光照强度 7 000 lx，观察外植体恢复生长时间，2 周后统计茎尖的污染率、褐化率及成活率（图 7）。

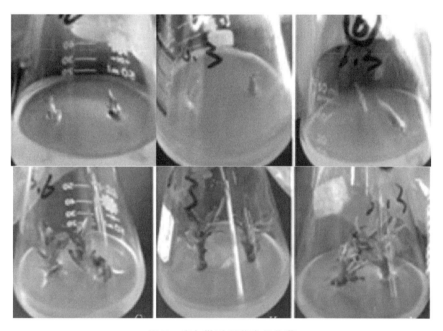

图 7　库尔勒香梨茎尖丛生芽

4.2.3.3　叶片愈伤组织诱导及分化

将灭菌的库尔勒香梨休眠枝条置于室内进行浸泡催芽，获得无菌苗。取无菌苗中上部完整幼嫩叶片，除去叶柄，垂直于叶片中脉切 3~4 刀，每片叶以远轴面接触培养基，先置于暗培养，21 d 后转移到光培养，每天进行观察记录。接种后 4~5 d 可以看到有愈伤组织开始出现，10 d 时叶片切伤处、叶柄端处开始长出少量浅黄色或浅白色愈伤组织，30 d 统计愈伤组织诱导率。30 d 后进行不定芽继代，继代前统计不定芽形成率，愈伤组织约 0.5 cm 记为有效愈伤组织。

增殖培养 30 d 继代 1 次。每隔 15 d 观察 1 次，记录外植体的生长高度、叶片增加数及芽增殖个数（图 8）。试验光照强度均为 2 000 lx，温度为（25 ±2）℃。

图 8　库尔勒香梨叶片诱导再生愈伤组织、再生不定芽、生根情况

4.2.3.4　生根培养

选取增殖培养后丛生芽高度大于 2.5 cm 且长出 4 片及以上真叶的外植体，接种到生根培养基中，置于人工气候箱中暗培养 7 d，然后进行光培养，光周期为 16 h/8 h，光照强度为 3 000 lx，培养温度均为 25℃，每个处理接种 20 个外植体，每 30 d 继代 1 次。每隔 7 d 观察 1 次，继代培养 35 d 后统计生根率及生根数和生根长度，生根长度大于 1 cm 记为生根。记录根原基出现的时间及生根情况。

4.3　观察、记录

调查污染率、丛生芽诱导率、平均芽数、生根率、移栽成活率等，观察不同时期生长情况，记录大小、数目、形态、颜色等。

丛生芽诱导率（%）＝有效苗（高度在 1.5 cm 及以上的健壮芽苗）数/接种茎尖（芽苗）数×100；

平均芽数（%）＝分化芽总数/接种茎尖（芽苗）数×100；

生根率（%）＝生根芽苗数/接种芽苗数×100；

平均生根数（%）＝生根总数/接种芽苗数×100。

5. 注意事项

（1）培养基做好标记，切勿弄混。

（2）操作过程一定要始终保证无菌操作，疑似污染立即放弃。

6. 实验报告及思考题

6.1 实验报告

（1）观察、记录外植体接种后的污染、存活情况，成活数为目测统计子叶变绿，胚轴伸长的种胚数目。

污染率（%）＝污染数/接种数×100

成活率（%）＝成活数/接种数×100

（2）统计、记录丛生芽诱导情况（发生时间、颜色、大小、生长快慢、诱导率等）。

（3）记录并分析实验过程中出现的问题及解决方法。

6.2 思考题

（1）新疆还有哪些特色果树？

（2）快繁技术还有哪些应用？

7. 参考文献

高启明，李疆，李阳，2005. 库尔勒香梨研究进展［J］. 经济林研究，23
　　（1）：79-82.

李心悦，张道远，李进，2018. 一种快速获得野苹果组培苗的方法［J］. 北
　　方园艺（14）：31-37.

刘兵，彭立新，2011. 新疆野苹果组织培养体系的建立［J］. 天津农学院学
　　报，18（2）：10-12.

刘彤，赵新俊，任丽彤，等，2004. 新疆香梨试管苗最佳生根培养基研究
　　［J］. 果树学报（2）：124-127.

刘小芳，冯建荣，梁晓桐，等，2016. 库尔勒香梨组织培养的研究［J］. 山
　　东农业科学，48（5）：9-13.

秦璐，陈泉，梁志强，等，2015. 库尔勒香梨叶片不定芽再生诱导的研究
　　［J］. 北方园艺（9）：76-79.

司马义·巴拉提，卡德尔·阿布都热西提，杨苗萌，2001. 巴旦杏快速繁殖
　　技术的研究（Ⅰ）［J］. 植物研究，21（1）：79-83.

宋梅，王淑娟，刘振江，等，2003. 香梨、砀山梨组织培养及脱毒快繁技术
　　［J］. 新疆农业科学（6）：376-377.

谭冬梅，2009. 新疆野苹果茎尖组织培养体系的建立［J］. 潍坊学院学报，
　　9（4）：88-89.

陶秀冬，吴春兰，王越铭，等，2005. 巴旦杏组织培养快速繁殖技术研究
　　［J］. 新疆农业科学（6）：415-417.

王新建，吴翠云，林香华，等，1996. 库尔勒香梨组织培养初探 ［J］. 塔里木农垦大学学报（2）：26-29.

魏景利，冯涛，张春雨，等，2009. 新疆野苹果种质资源的研究与应用 ［J］. 落叶果树，41（4）：16-18.

吴瑞刚，2017. 新疆野苹果 31 遗传转化体系建立与 MdMYB4/44 基因功能初步研究 ［D］. 中国农业大学 .

曾斌，罗淑萍，李疆，2006. 新疆野生巴旦杏的组织培养和植株再生 ［J］. 新疆农业大学学报（4）：27-31.

张元杭，2008. 库尔勒香梨在试管内的适应特性研究 ［D］. 石河子：石河子大学 .

钟颖，冯建荣，樊新民，等，2018. 库尔勒香梨离体叶片再生体系的建立 ［J］. 新疆农业科学，55（5）：829-836.

周春娜，2012. 巴旦杏组织培养快速繁殖技术研究 ［J］. 河北果树（4）：3-4.

周春娜，2018. 巴旦杏组培苗大田移栽技术 ［J］. 河北果树（5）：51-52.

周春娜，王进茂，谷丽芬，等，2004. 巴旦杏的组织培养 ［J］. 河北林果研究（S1）：403-405，422.

实验七　塔里木盆地荒漠植物组织培养

1. 概述

　　塔里木盆地是中国最大的内陆盆地，位于中国新疆南部，西起帕米尔高原东麓，东到罗布泊洼地，北至天山山脉南麓，南至昆仑山脉北麓。其南北宽度最大为 520 km，东西长度最长为 1 400 km，总面积达 50 万 km²。盆地的海拔高度在800～1 300 m，地势由西向东逐渐降低。塔里木盆地是一座大型封闭的山间盆地，地质构造上被许多深大断裂所限制，形成了稳定的地块。塔里木盆地位于亚欧大陆的深处，远离海洋，而周围高山阻挡了海洋水汽的进入。因此，盆地属于暖温带气候，年均温在 9～11℃，无霜期超过 200 d。年降水量不足 100 mm，气候干旱，降水稀少。同时，风力不断侵蚀和搬运，导致大量沙粒堆积和移动，形成了众多流动沙丘。

　　塔里木盆地气候干燥，盆地中心是世界第二大的塔克拉玛干沙漠。盆地气候干燥，降水量少，属于典型的温带沙漠气候，盆地边缘分布着 100 多个绿洲带，野生植物种质资源丰富。这些野生植物资源作为塔里木盆地生态系统的重要组成部分，在防沙固土、涵养水分、调节气候以及发展沙漠农林经济等方面发挥着独特的作用。本实验主要以荒漠植物花花柴、矮沙冬青、胡杨为例介绍荒漠植物组织培养流程及方法（图 1）。

图 1　花花柴、矮沙冬青、胡杨

　　花花柴（*Karelinia caspia*），是菊科花花柴属多年生草本植物，在国内外分布广泛，多生于干旱、半干旱地区的河谷冲积平原及沙质草甸盐土地。花花柴作为重要的防风固沙植物，具有耐盐碱、耐干旱、耐高温以及耐沙埋等生理特性，是荒漠地区生态恢复的重要植物。

矮沙冬青（*Ammopi ptanthus mongolicus* Cheng f.）是豆科多年生常绿灌木，分布范围十分狭小，现仅存于新疆西南部山地乌恰县康苏、托云等地海拔2 100~2 400 m的干旱山谷地带，植株数量很少，天然更新困难，濒临灭绝，喜光，耐旱，耐土壤贫瘠，耐寒。

胡杨（*Populus euphratica* Oliv.）是杨柳科、杨属植物，落叶乔木，在我国分布于内蒙古西部、新疆、甘肃、青海等地，具有极强的耐旱、耐盐碱、耐高温等特点，是自然界稀有的树种之一。

2. 实验目的

掌握荒漠植物组织培养的方法，了解荒漠植物在生态恢复、荒漠植物种质资源保护及抗逆生理和抗逆基因资源的发掘利用中的重要意义。

3. 实验材料、器具和试剂

3.1 实验材料

花花柴、矮沙冬青、胡杨的种子。

3.2 器具

超净工作台、高压灭菌锅、镊子、100~1 000 mL三角瓶、10~1 000 mL量筒、100~1 000 mL烧杯、电磁炉（或电炉、可加热磁力搅拌器）、万分之一电子天平、pH仪（或pH试纸）、玻璃棒、50~500 mL试剂瓶、打火机（或火柴）、称量勺、称量纸等。

3.3 试剂

70%~75%酒精、1%~5%次氯酸钠（NaClO）溶液、MS培养基、蔗糖、琼脂粉、激素植物生长调节剂（2,4-D、NAA、6-BA、IBA、GA3等）、无菌水、无菌滤纸等。

4. 实验步骤

4.1 1/2 MS培养基制备

根据实验一的配方配制1/2 MS培养基，蔗糖添加量30 g/L，5~8 g琼脂粉，pH值6.0，121℃高温下灭菌20 min。

4.2 无菌苗的获得

（1）种子消毒。花花柴蒴果附有冠毛，胡杨种子外被种毛，首先要用机械方式去除被毛，然后用纱布包好，于超净工作台上在75%乙醇中浸泡30 s，再用2%次氯酸钠浸泡8~10 min，然后用无菌水冲洗3~5次，再用无菌吸水纸吸去种子表面的水分。而对于矮沙冬青种子则先用温水浸泡2 h，再用75%乙醇中浸泡30 s，再用2%次氯酸钠浸泡8~10 min，然后用无菌水冲洗3~5次，再用无菌吸水纸吸去种子表面的水分。

（2）接种。分别将花花柴和胡杨种子均匀地接种于 1/2 MS 培养基上，将矮沙冬青种子接种于 MS+0.5 mg/L GA3 的培养基上，封好培养瓶口，于室温暗培养至发芽。

（3）无菌苗的培养。待植物种子发芽后，将培养瓶移至光照培养室，于（26±2）℃以 16 h 光照 8 h 黑暗培养至 6~8 片真叶（花花柴和胡杨），矮沙冬青培养至 7~10 d。

4.3　愈伤组织及不定芽的分化

花花柴愈伤组织及不定芽的分化

（1）花花柴愈伤组织诱导及幼芽分化培养基。MS+NAA 0.5 mg/L+6-BA 0.4 mg/L+3%蔗糖+0.8%琼脂，pH 值调至 5.8~6.0。

（2）于超净工作台将花花柴无菌苗叶片用无菌剪刀剪成 1 cm 见方平整的小块，均匀地接种于诱导培养基上，于光强 2 000 lx、以 16 h 光照 8 h 黑暗条件下培养。

（3）2~3 d 后，叶片外植体卷曲、增厚、膨胀。

（4）15 d 后外植体脱分化形成疏松絮状淡绿色的愈伤组织，继续培养 7~10 d，出现大量芽点。继续培养 10 d 后，不定芽丛形成。

（5）将上述丛生芽分割成单芽后，继续在该培养基上培养，每 20 d 继代 1 次。

（6）芽及根的生长。将上述单芽接入壮苗培养基中壮苗，待其长成较健壮的小植株后，切除其下部的愈伤组织，剩余部分移入生根培养基中，15 d 后生根率为 90% 以上。

4.4　矮沙冬青愈伤组织诱导及芽的分化

（1）矮沙冬青愈伤组织诱导培养基。于超净工作台将发芽 7~10 d 的矮沙冬青无菌苗的下胚轴用无菌剪刀剪成 1 cm 长的小段，以下胚轴为外植体诱导愈伤组织的培养基：MS+2,4-D 1 mg/L+3%蔗糖+0.8%琼脂，pH 值调至 5.8。

（2）矮沙冬青腋芽的分化。将矮沙冬青茎段或愈伤组织均匀地接种于诱导培养基上，诱导培养基配方为 1/3MS+6-BA 1.0 mg/L，于光强 2 000 lx、以 12 h 光照 10 h 黑暗、26℃条件下培养。

（3）矮沙冬青生根。待腋芽长至 3~4 cm，3~4 枚叶片时就可以剪切下腋芽，将其接入 1/3MS+6-BA 1.0/0.5 mg/L 上生根；也可以直接将萌发 20 d 的种苗剪切下接入到 1/3MS+6-BA 1.0/0.5 mg/L 中进行培养，然后在 1/3MS+6-BA 1.0/0.5 mg/L 上继代或者生根来获得完整的植株，每 60 d 继代 1 次，其增殖系数可以达到 3 以上。选取生根良好的组培苗经过炼苗、移栽，培养至成株。

4.5　胡杨愈伤组织诱导及芽的分化

（1）胡杨叶片愈伤组织诱导。取胡杨无菌苗叶片做外植体，外植体大小

0.5 cm见方的叶盘，接种到诱导愈伤培养基上（WPM+NAA 0.4 mg/L+6-BA 0.4 mg/L+3% 蔗糖+0.7% 琼脂）。(26±2)℃、光强 2 000~3 000 lx、12 h 光照12 h 黑暗条件下培养，一般培养至30 d左右开始有愈伤组织形成。

（2）胡杨不定芽的分化。愈伤组织产生后，将呈现出嫩绿色且质地紧实的愈伤组织，切成 1~1.5 cm 的小团块，接种到分化培养基 WPM+NAA 0.2 mg/L+ 6-BA 0.5 mg/L+3% 蔗糖+0.7% 琼脂，培养条件同上。一般愈伤组织形成后20 d左右就会有分化的丛生芽开始形成。

（3）不定芽诱导不定根。选取生长健壮、长度1.5~2.0 cm 的不定芽，将其接种到生根培养基 1/2WPM+6-BA 2.0 mg/L+NAA 0.02 mg/L+GA3 0.2 mg/L，20 d 后统计生成发达根系后，揭开培养膜往三角瓶中倒入少许水，并将三角瓶移至室外自然光下接受炼苗。3~5 d 后洗去苗根部的培养基后转入基质中培养，能成为正常植株。

5. 结果分析

分析花花柴、矮沙冬青、胡杨愈伤组织形成过程中的颜色、状态、芽形成的速度及培养条件，可以设置不同的培养条件以探索最佳的培养条件，提高出愈率、成苗的数量（图2、图3）。

A. 花花柴生境　　　　B. 花花柴愈伤组织　　　　C. 花花柴丛生芽

图2　花花柴组织培养

图3　胡杨组织培养（马艳等，2019）

6. 思考题

（1）举例分析荒漠植物组织培养的应用。

（2）荒漠植物组织培养还存在哪些问题?

7. 参考文献

蔡超，2008. 濒危植物新疆沙冬青组织培养与植株再生 ［D］. 石河子：石河子大学.

马艳，王静飞，刘婷，等，2019. 胡杨杂种叶片组培技术研究 ［J］. 中国野生植物资源，38（4）：1-7.

张霞，曾幼玲，叶锋，等，2006. 花花柴的组织培养与植株再生 ［J］. 植物生理学通讯，42（4）：692.

实验八 陆地棉组织培养

1. 概述

棉花是重要的经济作物，包括 4 个栽培种：陆地棉（*Gossypium hirsutum*）、海岛棉（*Gossypium barbadense*）、草棉（*Gossypium herbaceum*）和亚洲棉（*Gossypium arboreum*），其中陆地棉约占整个棉花总产量的 90%（图 1）。棉花组织培养开始于 20 世纪 70 年代，1971 年 Beasley 首次从陆地棉胚珠的珠孔端诱导出愈伤组织；1979 年，Price 和 Smith 首先报道通过克劳茨基棉细胞悬浮培养得到了胚状体，但没有得到再生植株；1983 年，Davidonis 通过陆地棉珂字 310 的子叶愈伤组织继代培养得到了胚状体和再生植株。我国棉花组织培养在 20 世纪 80 年代始见报道，1987 年，陈志贤等通过悬浮培养获得了再生植株；1989 年，陈志贤等又从棉花胞性细胞原生质体中培养出了再生植株。这些研究大大促进了棉花组织培养的发展。近年来，研究者已不仅建立了多个不同棉花品种的再生体系，而且力争摸索简便、高效的棉花再生体系。

图 1 陆地棉

棉花是一种较难通过体细胞培养获得完整植株的作物，一个重要的原因就是其受基因型限制，不同棉花品种的体胚发生能力不同。棉花组织培养及植株再生不仅受基因型的影响，还受到一系列外部环境的影响，如培养基、外植体、植物激素、光照、金属离子等。培养基是影响棉花组织培养及植株再生的一个重要原因，难再生的棉花品种只能在某一特定的培养基里再生。愈伤组织的诱导和增殖最常用的是 MSB 培养基，即 MS 培养基的无机盐与 B5 培养基的有机成分相配合的培养基，也有些研究者用 MS、1/2MS、LS、BT、SGM 和 White 等培养基。在培养基的碳源选择上，棉花愈伤组织诱导宜用葡萄糖作为碳源，而在胚性愈伤组织增殖、保存和胚状体的萌发过程宜使用麦芽糖作碳源。在棉花体细胞培养的研究中除用琼脂作为培养基的凝固剂外，也用 Gelrite（脱乙酰吉兰糖胶）和 Phytagel（植物凝胶）作凝固剂。外植体的选择对于体细胞培养体系的影响很大。不同外植体诱导获得愈伤组织的能力不同，子叶最有利于胚胎发生的直接诱导，下胚轴最易诱导出优良的愈伤组织，叶柄也是棉花组培中一个较好的外植体。很多研究者都是利用 3 日龄或者是 6 日龄的棉花无菌苗的下胚轴，切成 3~5 mm 的小块进行愈伤组织的诱导。植物激素是影响棉花组织培养及植株再生的另一个重要因素。棉花组培中所用的激素主要是植物生长素和细胞分裂素。生长素类主要用于愈伤组织的形成、体细胞胚的产生及试管苗的生根，常用的有 2,4-D、NAA（萘乙酸）、IBA（吲哚丁酸）、IAA（吲哚乙酸）等。细胞分裂素类则有促进细胞的分裂与分化、延迟组织的衰老、促进芽的产生等作用，常用的有 Zip、KT（氯吡脲）、6-BA（6-苄氨基腺嘌呤）、ZT（玉米素）等。不同的棉花品种对同一激素的敏感性有差异，因此需要对某一特定品种的诱导培养基和植株再生培养基中添加激素的种类及其浓度进行比较研究。

棉花组织培养过程大体可以分为 3 个阶段：① 愈伤组织的诱导、增殖；② 体细胞胚形成；③ 植株再生。高质量的愈伤组织特别是胚性愈伤组织对棉花是否能植株再生具有决定性的作用。一般认为淡黄色且疏松的愈伤组织是高质量的，而褐化的、生长慢的组织是质量不高的。褐变的发生往往是多种因素同时作用的结果，这既包括外植体本身的遗传物质和生理状态的影响，又包括培养条件的影响。近年来，棉花组织培养及植株再生技术发展迅速，研究者们通过多种方式来提高体胚的发生能力，如对培养基和激素的优化。

本实验参考华中农业大学作物遗传改良重点实验室张献龙教授课题组的棉花组织培养方法，以陆地棉品系豫早 1 号（YZ1）为例，介绍棉花的组织培养过程及方法。

2. 实验目的

通过本实验的学习掌握陆地棉组织培养的原理，熟悉外植体培养、愈伤组织诱导和增殖、胚性愈伤形成及植株再生的方法。

3. 实验仪器、材料和试剂

3.1 主要仪器

超净工作台、恒温培养箱、pH 测定仪、灭菌锅、三角瓶、培养皿、滤纸、镊子、剪刀、移液器等。

3.2 材料

陆地棉品系豫早 1 号（YZ1）种子。

3.3 试剂

（1）0.1% 的升汞（$HgCl_2$）。

（2）MS 大量元素母液配制（表 1）。

表 1   MS 大量元素母液配方

药品	质量浓度/(g/L)	备注
KNO_3	38	单独溶解
$MgSO_4 \cdot 7H_2O$	7.4	单独溶解
KH_2PO_4	3.4	单独溶解
$CaCl_2 \cdot 2H_2O$	8.8	单独溶解，最后加入

（3）微量元素母液配制（表 2）。

表 2   微量元素一级母液配方

	药品	质量浓度/(g/L)	备注
5 倍母液 I	H_3BO_3	3.1	加热助溶
	$MnSO_4 \cdot 4H_2O$	11.5	
	$ZnSO_4 \cdot 7H_2O$	4.3	
20 倍母液 II	$CoCl_2 \cdot 6H_2O$	0.05	
	$CuSO_4 \cdot 5H_2O$	0.05	单独溶解，最后加入
	KI	1.66	
	$NaMO_4 \cdot 2H_2O$	0.5	

微量元素母液配制（配培养基时使用）：取上述一级母液 I 200 mL，母液 II 50 mL，加蒸馏水定容至 1 L。母液配制完毕后放置于室温下 10 h 以上，看是否有沉淀产生，然后才能使用。

（4）铁盐母液配制（表3）。

表3　铁盐母液配方

药品	质量浓度/（g/L）	备注
$FeSO_4 \cdot 7H_2O$	2.78	单独溶解，加热助溶
Na_2EDTA	3.73	单独溶解，加热助溶

母液配制完毕后放置于室温下10 h以上看是否有沉淀产生，然后才能使用。

（5）B5有机物配制（表4）。

表4　B5有机物配方

药品	100 mL所需质量/g	备注
维生素 B_1（硫胺素）	1	
维生素 B_6（盐酸吡哆醇）	0.1	NaOH助溶
维生素 B_5（烟酸）	0.1	NaOH助溶

加入维生素 B_6 和 VB_1 后加部分水，再加入维生素 B_5，再次加水，容量瓶定容。配制B5有机物时要用无菌水来配制，一次不要配太大体积，及时用完以防污染。

（6）各种激素及其他试剂配制（表5）。

表5　各种激素及其他试剂配方

试剂名称	质量浓度（g/L）	备注
2,4-D	0.1	无水乙醇助溶
6-BA	1	
NAA	1	
L-Gly（甘氨酸）	2	
肌醇	10	
IAA	0.5	
IBA	0.5	NaOH助溶
KT	0.5	NaOH助溶/盐酸助溶*
NH_4NO_3	165	
KNO_3	38	

*用盐酸助溶配制的KT不容易产生沉淀，而NaOH助溶的则经常会有白色沉淀产生。

（7）葡萄糖、谷氨酰胺、天门冬酰胺、phytagel等。

注意：凡少于1 g的药品要用分析天平称量。各种母液配制好后应存放在

4℃冰箱中，发现有沉淀后，不得使用。

4. 实验步骤

4.1 培养基配制

（1）无菌苗萌发培养基（表6）。

表6　无菌苗萌发培养基配方

试剂	加入量/L
大量元素	25 mL
葡萄糖	15 g

加蒸馏水定容到1 L，将pH值调到6.1~6.2，称取2.6 g phytagel煮沸溶解，混匀后分装20余个三角瓶中，高温高压灭菌

（2）愈伤组织诱导、繁殖培养基（表7）。

表7　愈伤组织诱导、繁殖培养基配方

试剂	加入量	试剂	加入量
大量元素（20×）	50 mL	B5有机物	1 mL
NH_4NO_3	10 mL	2,4-D	1 mL
铁盐（100×）	10 mL	KT	0.2 mL
微量元素（100×）	10 mL	天门冬酰胺	1 g
肌醇	10 mL	葡萄糖	30 g
L-Gly	1 mL		

（3）体细胞胚分化培养基（表8）。

表8　体细胞胚分化培养基配方

试剂	加入量	试剂	加入量
大量元素（20×）	50 mL	B5有机物	1 mL
KNO_3（20×）	50 mL	IBA	1 mL
铁盐（100×）	10 mL	KT	0.3 mL
微量元素（100×）	10 mL	谷氨酰胺	1 g
肌醇	10 mL	天门冬酰胺	0.5 g
L-Gly	1 mL	葡萄糖	30 g

加蒸馏水定容到1 L，将pH值调到5.85~5.95，称取2.5 g phytagel煮沸溶解，混匀后分装20余个三角瓶中，高温高压灭菌

（4）胚萌发和生根培养基（表9）。

表9 胚萌发和生根培养基配方

试剂	加入量	试剂	加入量
大量元素（20×）	25 mL	B5 有机物	1 mL
铁盐（100×）	5 mL	谷氨酰胺	1 g
微量元素（100×）	5 mL	天门冬酰胺	0.5 g
肌醇	10 mL	葡萄糖	15 g
L-Gly	1 mL		

加蒸馏水定容到 1 L，将 pH 值调到 5.85~5.95，称取 2.5 g phytagel 煮沸溶解，混匀后分装 20 余个三角瓶中，高温高压灭菌

4.2 陆地棉组织培养

4.2.1 无菌苗的培养

将硫酸脱绒后的 YZ1 棉籽去壳后放入无菌空瓶中，加 20~30 mL 0.1% 的升汞（$HgCl_2$）不断摇动种子下沉，灭菌 8 min；然后将升汞倒出，用无菌水冲洗 3 遍；用灭菌的镊子将种子接种于无菌苗培养基中（4~6 粒种子/瓶），封口，瓶上写明品种、日期等信息；放入 28℃培养箱中暗培养 2 d 后扶苗，将根插入培养基中；继续培养 4~5 d 后（无菌苗长到三角瓶瓶口的高度）可用于下胚轴诱导。

4.2.2 非胚性愈伤组织的诱导及增殖

打开灭菌好的含有滤纸的大培养皿，把 6~7 d 无菌苗拔出放入滤纸上，用解剖刀将下胚轴切成 0.6 cm 左右小段，整齐排布于诱导培养基上，用封口膜将培养皿封两道，放入光照培养室中诱导愈伤。每 25~30 d 继代 1 次。

4.2.3 胚性愈伤组织的分化增殖

当愈伤组织转成米粒状颗粒，即出现胚性愈伤时，将其转入分化培养基中诱导胚胎发育，每 25~30 d 继代 1 次。

4.2.4 胚性愈伤成苗生根

当出现再生苗后，将其转至胚萌发和生根培养基上，诱导再生苗根系生长，从而增强再生苗移栽的存活率。

4.2.5 再生苗移栽

当再生苗的根系发达、植株健壮时，逐渐打开三角瓶的封口膜炼苗 1~2 周，然后拔出再生苗，洗掉根上的培养基，移栽到营养钵中继续培养。

5. 结果分析

5.1 观察记录

外植体培养过程中，每隔几天观察 1 次，如有材料污染及时处理。如果是细菌污染，可将未被污染的材料转移到新的培养基；如果是真菌污染，建议整皿丢弃，因为真菌会萌发孢子，很容易扩散。

5.2 观察愈伤诱导效果、统计愈伤诱导率

诱导率（％）＝诱导出愈伤的外植体数/总外植体总数×100

观察愈伤组织的色泽、硬度、表面状态及生长速度。愈伤组织的颜色和质地具有多样性，根据颜色可分为黄色、淡黄色、绿色、淡绿色、灰色、灰白色、褐色等；依据质地，可分为致密状、疏松状、颗粒状、稀泥状等。体细胞胚胎发生能力较弱的愈伤组织一般呈褐色、白色粉末状或白色、绿色坚硬块状（图 2A）；体细胞胚胎发生能力较强的愈伤组织一般呈淡黄色或黄绿色，质地较均匀（图 2B）。

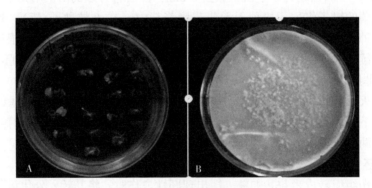

图 2　陆地棉愈伤组织诱导

5.3 统计愈伤组织分化率

分化率（％）＝已分化愈伤数/愈伤总数×100

观察分化时间（最早出现胚性愈伤的时间）和单位重量愈伤组织中生物胚状体个数（图 3A），并分析每克胚性愈伤组织中球形胚（图 3B）和子叶胚（图 3C）的数量，胚状体数量越多、球形胚和子叶胚的比例越高分化成苗的几率就越高。

5.4 统计胚胎萌发率

子叶胚萌发成正常苗（具有真叶及良好根系），见图 4。

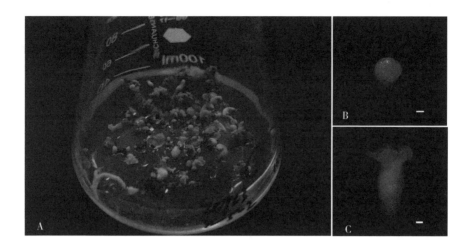

图 3　愈伤组织分化

图 4　移栽

6. 思考题

（1）棉花的再生受哪些因素的影响？

（2）棉花愈伤组织褐化的原因及防止方法。

7. 参考文献

金芳艳，2013. 棉花体细胞胚与合子胚比较转录组分析［D］. 武汉：华中农业大学.

李秀霞，2014. 植物组织培养［M］. 沈阳：东北大学出版社.

谢德意，金双侠，郭小平，等，2007. 长江和黄河流域棉区棉花品种体细胞胚胎发生和植株再生比较研究［J］. 作物学报，33（3）: 394-400.

IKEUCHI M, OGAWA Y, IWASE A, *et al.*, 2016. Plant regeneration: cellular origins and molecular meCHanisms［J］. Development（Cambrige, England）, 143（9）: 1442-1451.

JIN S, ZHANG X, LIANG S, *et al.*, 2005. Factors affecting transformation efficiency of embryogenic callus of Upland cotton（*Gossypium hirsutum*）with *Agrobacterium tumefaciens*［J］. Plant Cell Tissue Organ Cult, 81（2）: 229-237.

实验九 棉花胚珠培养

1. 概述

棉花纤维是棉花所特有的一种表皮毛细胞，是从胚珠表皮细胞分化而来的单细胞结构。棉花纤维伸长分为 4 个时期：纤维原始细胞起始分化期、纤维细胞伸长期、初生壁形成期和次生壁合成期。体外胚珠培养体系为棉花纤维生长发育的研究提供了实验平台，并且是研究激素调控纤维发育的有效工具，可以作为研究细胞伸长和分化的一个参考模型。

自 20 世纪 70 年代 Beasley 和 Ting 建立了体外胚珠培养体系以来，有关棉花胚珠培养及其影响因素等方面已有大量的研究，其中大多集中十激素的作用。Beasley 验证了不同激素对纤维发育的影响，研究发现 IAA 和 GA 可以促进纤维发育，而激动素（KT）和 ABA 对纤维发育有抑制作用（Beasley and Ting，1973）。在胚珠培养体系中加入乙烯可以促进纤维伸长，而加入乙烯抑制剂 AVG 则抑制纤维的伸长，不同浓度的乙烯和 AVG 对胚珠的大小没有影响（Shi *et al.*，2006）。Sun 等（2005）对离体胚珠外源添加油菜素内酯（Brassinolide，BL）和油菜素内酯生物合成抑制剂（brassinazole，Brz），发现 BL 对纤维起始和伸长具有促进作用，而 Brz 是纤维起始和伸长的抑制剂。

此外，培养基和培养条件、胚龄、激素种类及配比等对于离体胚珠培养纤维的生长也具有影响。郑泗军等研究发现碳源（二糖蔗糖、麦芽糖、半乳糖、乳糖和单葡萄糖、果糖）和凝固剂（0.8%琼脂，0.2% Gelirte）会通过影响培养基的 pH 值影响离体棉花胚珠的发育（郑泗军等，1996）。蒋淑丽等（1999）研究了光照对棉花胚珠培养的影响，发现光照降低胚珠的成活率，还抑制棉花纤维发育。叶春燕等（2013）研究发现 BT 基本培养基较适合于棉花胚珠离体培养，但液体培养效果优于固体培养；开花前后的胚珠均能诱导离体纤维的生长，但以开花当天的胚珠为外植体的效果最好，GA3、IAA、NAA、Et hylene 和 BR 都能促进纤维生长，其中 GA3 的效果最好，当两种激素配合使用时促进效果更明显，5.0 μmol/L IAA 和 5.0 μmol/L GA3 搭配使用效果最好。摸索、优化胚珠培养体系，为进一步研究棉花纤维发育奠定基础。

本实验参考华中农业大学作物遗传改良重点实验室张献龙教授课题组的棉花胚珠培养方法，以陆地棉标准系 TM-1 为例，介绍棉花胚珠离体培养的过程及方法。

2. 实验目的

通过本实验的学习掌握棉花胚珠培养的原理，熟悉胚珠离体培养的方法。

3. 实验仪器、材料和试剂

3.1 主要仪器

超净工作台、恒温培养箱、pH 测定仪、灭菌锅、三角瓶、培养皿、镊子、剪刀、移液器等。

3.2 材料

陆地棉标准系 TM-1 种子。

3.3 试剂

（1）0.1%的升汞（$HgCl_2$）。

（2）大量元素母液 I 配制（表 1）。

表 1　大量元素母液 I 配方

药品	质量浓度/（g/L）
KH_2PO_4	5.443 6
$MgSO_4 \cdot 7H_2O$	9.860 0

（3）大量元素母液 II 配制（表 2）。

表 2　大量元素母液 II 配方

药品	质量浓度/（g/L）
$CaCl_2 \cdot 2H_2O$	8.821 2
KNO_3	50.565 0

（4）微量元素母液配制（表 3）。

表 3　微量元素母液配方

药品	质量浓度/（g/L）
KI	0.083
$CaCl_2 \cdot 6 H_2O$	0.002 4
$MnSO_4 \cdot H_2O$	1.690 2
$ZnSO_4 \cdot 7H_2O$	0.862 7
$CuSO_4 \cdot 5H_2O$	0.002 5

（续表）

药品	质量浓度/（g/L）
H_3BO_3	0.618 3
$NaMO_4 \cdot 2H_2O$	0.024 2

（5）维生素 B 母液配制（表4）。

表 4　维生素 B 母液配方

药品	质量浓度/（g/L）
维生素 B_5	0.490 0
维生素 B_6	0.820 0
维生素 B_1	1.349 0

（6）肌醇母液配制（表5）。

表 5　肌醇母液配方

药品	质量浓度/（g/L）
肌醇	18.016 0

（7）铁盐母液配制（表6）。

表 6　铁盐母液配方

药品	质量浓度/（g/L）	备注
$FeSO_4 \cdot 7H_2O$	2.780 0	
Na_2EDTA	3.730 0	加热助溶

（8）葡萄糖、phytagel、GA（0.5 mol/mL）、IAA（0.5 mol/mL）。

4. 实验步骤

4.1　培养基配制

配制胚珠培养 BT 培养基见表7（1 L）。

表 7　胚珠培养 BT 培养基配方

试剂	加入量
大量元素 I	50 mL

（续表）

试剂	加入量
大量元素Ⅱ	50 mL
微量元素（100×）	10 mL
肌醇	10 mL
维生素 B	0.25 mL
铁盐	3.33 mL
葡萄糖	24 g

加蒸馏水定容到 1 L，将 pH 值调到 5.0~5.95，称取 2.5 g phytagel 煮沸溶解，混匀后分装 40 余个培养皿中，高温高压灭菌

4.2 胚珠离体培养实验

（1）棉花种植。

陆地棉 TM-1 种子播种，培养至开花期进行胚珠培养实验。

（2）培养基使用前处理。

灭菌冷却 BT 培养基中分别加入了激素 GA（终浓度为 0.5 mmol/L）和 IAA（终浓度为 5 mmol/L），摇匀后分装到无菌三角瓶中。

（3）田间取样。

开花当天下午 6 点左右取棉花植株上 0 dPA 的棉铃。

（4）棉铃灭菌。

剥去 0 dPA 棉铃外面的花瓣、雌雄蕊等，将带柄的子房放入无菌三角瓶中用 0.1% 的升汞（$HgCl_2$）消毒 15~20 min 后，再用无菌水冲洗 3 遍（此步骤及后续操作在超净工作台内进行）。

（5）胚珠分离。

手持铃柄，用无菌的眼科用小镊子小心地剥掉铃壳，将胚珠轻轻剥入到 BT 培养基中悬浮于培养基表面，30℃培养箱中暗培养到所需天数后观察。

5. 结果分析

培养一段时间后，观察胚珠表皮纤维的颜色、分布情况和生长速度。如果胚珠表皮纤维的颜色是白色、均匀分布在胚珠表面，且长到一定长度，说明胚珠培养实验成功（图1）；但如果胚珠表皮纤维的颜色发黄、在胚珠表面分布不均匀，且长度较短，说明胚珠培养实验失败（图2）。

6. 思考题

（1）影响胚珠培养的因素有哪些？

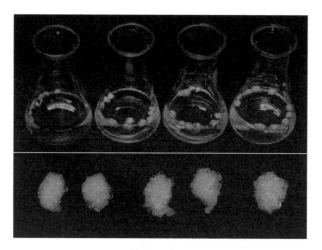

图1 棉花胚珠纤维生长

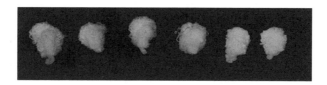

图2 棉花胚珠纤维生长异常

（2）胚珠培养有什么应用价值？

7. 参考文献

郝娟，2012. 棉花纤维伸长相关基因 GbTCP 的克隆及功能分析 ［D］. 武汉：
华中农业大学.

叶春燕，欧婷，陈进红，等，2013. 培养基、胚龄和激素配比对棉花胚珠离
体培养纤维生长发育的影响 ［J］. 棉花学报，25（1）：17-23.

周燮，2010. 新发现的植物激素 ［M］. 南京：江苏科学技术出版社.

BEASLEY C，TING IP，1973. The effects of plant growth substances on in vitro
fiberdevelopment from fertilized cotton ovules ［J］. *American Journal of Botany*，
60：130-139.

QIN YM，Z HU YX，2010. How cotton fibers elongate：a tale of linear cell-
growth mode ［J］. Current Opinion in Plant Biology（14）：1-6.

Sun Y，Veerabomma S，Abdelmageed H A，et al.，2005. Brassinosteroid regu-
lates fiber development on cultured cotton ovules. Plant & Cell Physiology，46：
1384-1391.

实验十 棉花原生质体制备及活力检测

1. 概述

原生质体是指用特殊方法脱去了植物细胞壁的、裸露的、有生活力的原生质团，包括细胞膜（cell membrane）、细胞质（cytoplasm）、细胞核（nucleus）和细胞器（organelle）等。原生质体的特征包括：① 无细胞壁障碍，可以方便地进行有关遗传操作，并可以对膜、细胞器等进行基础研究；② 具有全能性，并能进行人工培养发育成完整植株；③ 原生质体适合进行诱导融合形成杂种细胞。

原生质体的分离方法有机械分离法和酶解分离法2种。机械分离法采用渗透方法使细胞发生质壁分离，用刀把细胞壁切破，使原生质体流出。此法手工操作难度大，得率低，费时费力。植物细胞壁的主要成分是纤维素和果胶，酶解分离法是指使用琼脂酶、果胶酶和纤维素酶等将细胞壁分解。此法条件温和、原生质体完整性好、活力高、得率高，因此植物原生质体制备多采用酶解分离法。酶解分离法操作过程分为：取材消毒、酶解制备和原生质体收集。

原生质体的纯化方法包括沉降法、漂浮法和界面法。在获得纯化的原生质体后，可以根据需要进行原生质体的活性检测。原生质体活力测定的方法主要有胞质环流（Cytoplasmic streaming）、测定呼吸强度和 FDA（Fluoresceindiacetate）检测，其中常用的是 FDA 法。FDA 本来没有荧光，当其进入细胞后被脂酶分解为具有荧光的极性物，不能透过质膜，而是留在细胞内发出荧光。因此能发出荧光的是具有活性的原生质体，而不能发出荧光的是没有活性的原生质体。获得有活力、去壁较为完全的原生质体对于随后的原生质体融合和原生质体再生是非常重要的。

棉花原生质体的制备和培养工作始于1974年，Beasley 等首次从陆地棉的纤维分离出原生质体并经过培养得到小细胞团以来，一些研究者报道了从陆地棉的下胚轴诱导的愈伤组织、子叶、花药愈伤组织和茎段愈伤组织、克劳茨基棉的下胚轴诱导的愈伤组织、海岛棉的子叶、哈克尼西棉的愈伤组织、亚洲棉的花药愈伤组织及其细胞悬浮培养物分离得到原生质体，陆振鑫等（1991）从野生棉戴维逊氏棉的愈伤组织和细胞悬浮系分离原生质体培养得到细胞团。这个时期对不同棉种和不同的外植体进行了原生质体分离和培养，虽然没有得到体细胞胚和再生植株，但为棉花原生质体培养奠定了基础。

1989年，陈志贤和余建民等分别在各自的实验室，以胚性细胞悬浮系为材料进行原生质体的分离和培养得到再生植株。现在已经可以从多个棉种的多个外植体分离原生质体进行培养得到小细胞团、愈伤组织和再生植株。这些原生质体培养的成功为棉花原生质体在遗传育种上的应用奠定了基础。

影响棉花原生质体制备的主要影响因素有以下几方面。

（1）分离原生质体的外植体。

从棉花组织器官或培养物在合适的酶液组合和酶解时间下一般都可以分离出有活力的原生质体。但这些外植体的生理状态、发育时期、外植体种类和基因型影响原生质体分裂、增殖和再生。一般认为体细胞培养易再生的品种/品系，原生质体培养较易再生。用子叶分离原生质体的时候，用幼龄子叶比较好。

（2）培养条件。

原生质体培养条件是再生的关键，主要涉及培养基、植物生长调节物质、培养密度和光照温度等。原生质体培养基影响原生质体的持续分裂，棉花原生质体培养常用 KMsP 和 K3 培养基。

棉花原生质体培养的主要困难是原生质体分裂频率低，许多不能保持持续分裂的能力，容易褐化死亡；体细胞胚发生较难；体细胞胚的正常发育较难。这些可能与原生质体生活力和棉花本身多酚类物质在培养过程中的毒害作用抑制了细胞的分裂。有些即使可以得到愈伤组织，但是愈伤组织很难通过体细胞胚胎发生再生植株。

2. 实验目的

通过本实验的学习掌握原生质体培养的原理，熟悉棉花原生质体分离和原生质体活力检测的方法。

3. 实验仪器、材料和试剂

3.1 主要仪器

超净工作台、恒温培养箱、摇床、pH 测定仪、灭菌锅、三角瓶、培养皿、镊子、剪刀、吸管、移液器、离心机、荧光显微镜、倒置显微镜等。

3.2 材料

陆地棉品系豫早 1 号（YZ1）种子、胚性愈伤组织。

3.3 试剂

（1）0.1% 的升汞（$HgCl_2$）。

（2）大量元素母液、微量元素母液、铁盐母液、B5 有机物、各种激素及其他试剂配制同实验八。

（3）酶混合液（表1）。

表1 酶混合液配方

药品	100 mL 所需质量/g
mannitol	9
$NaH_2PO_4 \cdot 2H_2O$	0.011
$CaCl_2 \cdot 2H_2O$	0.36
MES	0.12
Cellulase R-10	3
Pectinase	1.5
Hemicellulase	0.5

（4）CPW9M（表2）。

表2 CPW9M 配方

药品	所需质量/mg
$CaCl_2 \cdot 2H_2O$	1 480
KH_2PO_4	27.2
KNO_3	101.0
$MgSO_4 \cdot 7H_2O$	246.0
$CuSO_4 \cdot 5H_2O$	0.025
KI	0.16
mannitol	90 000

加蒸馏水定容到 1 L，将 pH 值调到 5.8

（5）CPW25S（表3）。

表3 CPW25S 配方

药品	所需质量/mg
$CaCl_2 \cdot 2H_2O$	1 480
KH_2PO_4	27.2
KNO_3	101.0
$MgSO_4 \cdot 7H_2O$	246.0
$CuSO_4 \cdot 5H_2O$	0.025
KI	0.16
sucrose	250 000

加蒸馏水定容到 1 L，将 pH 值调到 5.8

（6）电融合液（100 mL），0.1 mmol/L CaCl$_2$·2H$_2$O，10%（*w/v*）mannitol。

（7）FDA 溶液，用丙酮配制的 5 mg/mL 的 FDA 溶液。

（8）葡萄糖、谷氨酰胺、天门冬酰胺、phytagel 等。

4. 实验步骤

4.1 培养基的配制

（1）无菌苗萌发培养基，同实验八。

（2）体细胞胚分化培养基（液体）见表 4。

表 4 体细胞胚分化培养基（液体）配方

试剂	加入量
大量元素（20×）	50 mL
KNO$_3$（20×）	50 mL
铁盐（100×）	10 mL
微量元素（100×）	10 mL
肌醇	10 mL
L-Gly	1 mL
B5 有机物	1 mL
IBA	1 mL
KT	0.3 mL
谷氨酰胺	1 g
天门冬酰胺	0.5 g
葡萄糖	30 g

加蒸馏水定容到 1 L，将 pH 值调到 5.85~5.95，混匀后分装 20 余个三角瓶中，高温高压灭菌

4.2 材料的准备

4.2.1 胚性细胞悬浮系的建立

从固体培养基上取继代 2 周的胚性愈伤组织于体细胞胚分化培养基的液体培养基中（每瓶 40 mL），120 转振荡培养，每 7 d 继代 1 次，4 周后可以用于原生质体分离。

4.2.2 无菌苗的培养

种子去壳消毒播种在无菌苗培养基上，10 d 后叶片充分伸展开后可分离原

生质体。

4.3 原生质体的分离

4.3.1 悬浮系原生质体的分离

用吸管吸取 1 g 左右的悬浮培养物于 15 mm×60 mm 的培养皿中，吸干培养基，加入 1.5~3 mL 酶混合液，轻轻摇匀，封口膜封口，置于摇床上 40 转或静置，28℃ 黑暗条件下酶解 18~22 h。

4.3.2 叶肉原生质体的分离

把叶片放在 15 mm×60 mm 的培养皿中，并用解剖刀将叶片切成 0.1 cm 宽的细条，后加入 1.5 mL 酶混合液，轻轻摇匀，封口膜封口，置于摇床上 10 转或静置，28℃ 黑暗条件下酶解 14~18 h。

4.4 原生质体的纯化

（1）酶解后的原生质体混合物经 40 目的不锈钢网去掉渣子，CPW9M 洗涤，滤液在 10 mL 的离心管离心 10 min（800 r/min），使原生质体沉于管底。

（2）沉淀物用 3 mL CPW25S 悬浮，在其上加入 1 mL 的 CPW9M 离心 2~6 min（700 r/min），原生质体在两液面形成一条带，其他的杂质及少量的原生质体沉于管底。

（3）将原生质体轻轻地吸出，转入另一试管，用电融合液离心洗涤 5~6 min（700 r/min），去掉上清液，用电融合液悬浮至（2~10）×10^5个/mL 备用。

4.5 原生质体活性检测

FDA 溶液（5 mg/mL）按每 1 mL 原生质体加 25 μL FDA 的比例加入 FDA，5 min 后，在荧光显微镜下检测原生质体的活性（暗视野下发荧光的原生质体数/明视野下原生质体总数）。

5. 结果分析

（1）分离纯化原生质体后，通过倒置显微镜进行观察和照相，统计分析原生质体的数量和质量。

（2）原生质体进行 FDA 染色后，在荧光显微镜的紫外光照射下观察原生质体活力，发出绿色荧光则表示原生质体活力较高；死细胞则不会发出绿色荧光（图 1）。一般以一个视野中在暗场中发绿色荧光的原生质体数占在亮场中总的原生质体数的百分率来计算原生质体活力。

6. 思考题

（1）原生质体提取时有哪些注意事项？

（2）原生质体培养的意义。

亮场　　　　　　　　　　荧光

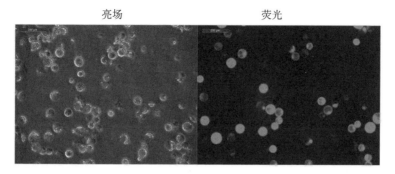

图1　棉花原生质体

7. 参考文献

巩振辉，申书兴，2013. 植物组织培养［M］. 北京：化学工业出版社.

孙玉强，2012. 棉花纤维伸长相关基因 GbTCP 的克隆及功能分析［D］. 武汉：华中农业大学.

臧学丽，胡莉娟，2017. 实用发酵工程技术［M］. 北京：中国医药科技出版社.

实验十一　苦豆子组织培养及生物碱含量的测定

1. 概述

　　苦豆子（*Sophora alopecuroides* L.），豆科槐属，别名苦豆根、苦本植物，主要分布于我国北方的荒漠、半荒漠地区，是一种中旱生植物，其根系发达，具有较强的耐旱性、耐盐碱和抗风沙性能（图1）。苦豆子以全草、根、种子入药，味极苦，性寒，具有清热解毒、祛风燥湿、止痛杀虫、抗癌、增强免疫等作用。苦豆子含有多种化学成分，主要包括喹诺里西啶生物碱、黄酮类、有机酸、氨基酸、蛋白质和多糖类等，其他还有脂肪酸及无机元素等。但天然植物体内化学成分的含量较低，为了提取药用成分，必须大量开采苦豆子野生植株，势必造成野生资源枯竭，破坏生态平衡。苦豆子生长缓慢，不利于人工栽培。生物技术的快速发展为解决这一问题带来曙光，通过植物组织培养可以生产天然的植物成分并提高其成分含量，这一技术在红豆杉、杜仲、人参等植物中应用较为成熟。

图1　苦豆子

　　植物细胞悬浮培养是指将单个游离细胞或小细胞团在液体培养基中进行培养增殖的技术。目前，利用悬浮细胞培养来生产次生代谢物已广泛应用于各类药用植物中。1997年，许建锋等首次开展了高山红景天悬浮细胞培养，2006年李雪梅等从苦豆子中分离出抗肿瘤新药槐定碱后，利用苦豆子细胞培养来生产槐定碱等药用成分则更具重要现实意义。此外，苦豆子还是绿肥和固沙植物，是开发野生植物资源的对象之一。迄今为止，国内外有关药用植物悬浮细胞培养方面的研究越来越多，红豆杉、甘草、半夏等都有相关的报道。

苦豆子是豆科草本沙生植物，由于其本身所具有的特殊性质，诱导愈伤组织比较困难。通常使用下胚轴和子叶诱导愈伤组织，也可利用茎段和成熟种子胚。因外植体种类、生长情况和培养条件不同，愈伤组织诱导率和生长速率差异显著。总体看来，茎段虽取材方便、细胞分化能力较强，诱导愈伤组织的诱导率低于子叶，所以常用无菌苗子叶为外植体。

合适的培养基对苦豆子的组织培养至关重要。愈伤组织诱导阶段常用的基本培养基是 MS 培养基和 B5 培养基。最早 1992 年饶品昌等的研究，以及后来研究均表明 MS 培养基是最佳的培养基。

植物生长调节剂浓度和配比显著影响植物细胞分裂和发育，是组织培养技术的关键。苦豆子组织培养中，常用生长素有 2,4-D、NAA，常用细胞分裂素有 6-BA、KT。在愈伤组织诱导阶段，生长素浓度常高于分裂素浓度。饶品昌等、曹有龙等、王立强等研究表明，2,4-D 的存在对愈伤组织发生非常有利，其含量越高，愈伤组织生长越快；颜色也由白色转为淡绿色。培养基中添加 CH（水解乳蛋白）或 LH（水解酪蛋白）对愈伤组织生长均具有良好的促进作用，但 CH 的促进作用更为明显。适宜浓度的 2,4-D、6-BA、NAA 分别或同时使用时同样可得到状态较好的愈伤组织。因此，不同的激素浓度和配比，对苦豆子组织培养和植株再生的影响是显著的。在愈伤组织继代培养中，随着培养时间的增长，褐化现象越来越严重，成为继代培养的最大障碍。到目前为止解决褐化的最好方法是添加活性炭，同时加快继代和更换培养基。

2. 实验目的

学习并掌握苦豆子的组培技术，了解苦豆子生物碱、总黄酮含量测定的方法。

3. 实验材料、器具和试剂

3.1 材料

苦豆子种子。

3.2 仪器、设备、器皿及其他耗材

超净工作台、高压蒸汽灭菌锅、光照培养箱或培养室、冰箱、分光光度计、水浴锅、50 mL 量瓶、研钵、具塞锥形瓶、微孔滤膜（0.45 μm）、Merck C18 色谱柱、移液器及枪头、天平、镊子、手术刀、酒精灯、棉球、培养皿、锥形瓶、滤纸、牛皮纸、量筒、电磁炉、pH 仪等常规用具。

3.3 试剂

MS、2,4-D、6-BA、蔗糖、琼脂、1 mol/L NaOH、1 mol/L HCl、芦丁、

70%乙醇、乙腈、0.1%磷酸水溶液、三乙胺、无水乙醇、甲醇、无菌水等。

3.4 培养基及灭菌

愈伤组织诱导培养基：MS+2,4-D 0.50 mg/L+6-BA 1.00 mg/L+NAA 0.5 mg/L+蔗糖3%；

愈伤组织继代培养基：MS+2,4-D 1.00 mg/L+6-BA 4.00 mg/L+NAA 1.00 mg/L+蔗糖3%；

愈伤组织分化培养基：MS+KT 1.00 mg/L+6-BA 1.00 mg/L+NAA 0.20 mg/L+蔗糖2%；

丛生芽诱导培养基：MS+6-BA 2.00 mg/L+NAA 0.05 mg/L+蔗糖3.0%；

丛生芽继代培养基：MS+6-BA 1.00 mg/L+NAA 0.10 mg/L；

生根培养基：1/2 MS+NAA 0.50 mg/L+蔗糖2.0%；

琼脂浓度为0.7%，调节pH值至6.0，所有物品的灭菌方法参照实验一。

4. 实验步骤

4.1 苦豆子愈伤组织诱导及组培苗的获得

4.1.1 外植体处理

挑选饱满的苦豆子种子，先用清水洗净，吸干水分，75%酒精消毒10 min，无菌水冲洗2次，然后再用0.1%升汞浸泡15 min，无菌水冲洗6~8次，无菌滤纸吸干水分，放入基本培养基MS上。光强1 500 lx，每日光照10 h，培养温度为（25±2）℃，15 d后得到无菌苗。

4.1.2 苦豆子愈伤组织的诱导、继代与分化

在超净工作台上，切取苦豆子无菌苗子叶接种在愈伤组织诱导培养基上，每瓶接5块，培养30 d。

选择生长状态较好的愈伤组织小块，接种于愈伤组织继代培养基上培养28 d。培养基增加水解酪蛋白（CH）1 000 mg/L能够提高增值系数。

将诱导出的愈伤组织接种于分化培养基上，每瓶接4块，诱导丛生芽，培养30 d，观察效果（图2）。

4.1.3 苦豆子丛生芽的诱导与继代培养

在超净工作台上切取苦豆子无菌苗带有1个腋芽的茎段2.5 cm，接种到丛生芽诱导培养基上，每瓶接3个（图3）。

当子叶丛生芽和茎段丛生芽长到3 cm时，将其切成带1个节的茎段，再转到丛生芽继代培养基上进行增殖培养，每瓶接3个茎段。

4.1.4 生根培养

苦豆子丛生芽经过多次继代培养后，待继代苗长至3~4 cm时，转至生根培养基。

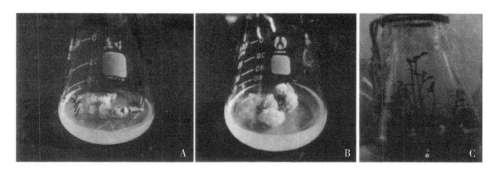

图 2 苦豆子愈伤组织诱导及再生

A. 从子叶外植体诱导出的愈伤组织；B. 继代培养的愈伤组织；C. 组培苗（丛生芽）

图 3 苦豆子茎段外植体诱导的丛生芽

4.2 组培苗药用成分测定

以苦豆子全株（组培苗）为参照，分别取不同继代次数愈伤组织样品测定总黄酮和槐定碱含量。

4.2.1 总黄酮测定

（1）称取芦丁对照品 25.147 mg 置于 50 mL 量瓶中，加入无水乙醇，50℃水浴使溶解，放冷，加无水乙醇稀释至刻度，摇匀，即得对照品溶液（含无水芦丁 0.502 94 mg/mL）。

（2）称取苦豆子组织约 0.2 g，液氮中研磨至粉末，加 70% 乙醇适量微沸煎煮 2 次，每次 2 h，合并 2 次煎液，滤过后浓缩至膏状，加无水乙醇，定容至 10 mL，摇匀，即得供试品溶液。

（3）精密吸取供试品溶液 1 mL，以 30% 无水乙醇作为空白对照，在 510 nm 处立即测定吸光度，根据标准曲线方程计算总黄酮含量。

4.2.2　槐定碱含量测定

精密称取 60℃条件下干燥恒重的苦豆子培养物（过 40 目）0.2 g，置于 10 mL 具塞锥形瓶中，精密加入甲醇至刻度，超声提取 30 min，取上清液用微孔滤膜（0.45 μm）滤过，取续滤液，滤液保存在 4℃冰箱中即为样品制备液。

Merck C18 色谱柱：250 mm×4.6 mm，5 μm；

流动相：乙腈：0.1%磷酸水溶液（80∶20），用三乙胺调 pH 值至（2.00±0.03）；

体积流量 1.0 mL/min，检测波长 220 nm，柱温 30℃，进样量 20 μL。

5. 注意事项

（1）组培过程应全面消毒，避免污染。
（2）药用成分含量测定时，需要精密称量。

6. 实验报告及思考题

6.1　实验报告

（1）将本实验的操作过程及实验结果整理成实验报告。
（2）对比子叶愈伤组织、子叶丛生芽和茎段丛生芽药用成分含量差异。
（3）分析不同继代次数对药用成分含量的影响。

6.2　思考题

（1）如何提高组培苗中总黄酮的含量？
（2）苦豆子愈伤组织褐化的原因有哪些？

7. 参考文献

曹有龙，李晓莺，罗青，等，2010. 苦豆子的组织培养及植株再生的研究 [J]. 广西植物，30（1）：102-105.

陈亚萍，高媛，顾沛雯，2014. 苦豆子愈伤组织的诱导及去褐化处理 [J]. 北方园艺，319（16）：96-99.

高媛，孙牧笛，徐全智，等，2017. 苦豆子愈伤组织诱导及细胞悬浮培养体系的建立 [J]. 江苏农业科学，45（14）：27-31.

李晓莺，曹有龙，贝盏临，等，2004. 苦豆子组织培养初步研究 [J]. 甘肃农业科技（12）：12-14.

饶品昌，刘贤旺，1992. 苦豆子组织培养及有效成分分析 [J]. 江西中医学院学报（2）：33，39.

王立强，杨军，王光碧，等，2008. 苦豆子愈伤组织的诱导与继代培养的去褐化研究 [J]. 西华师范大学学报（自然科学版），29（4）：421-

425，430.

严蓉，刘喜梅，张璐，等，2012. 苦豆子再生体系的建立［J］. 农业科学研究，33（2）：66-68.

杨春霞，黄丽莉，章挺，等，2011. 苦豆子愈伤组织培养及其药用成分含量测定［J］. 中国农学通报，27（18）：153-157.

张银霞，2011. 苦豆子组织培养研究进展［J］. 宁夏农林科技，52（10）：10-11.

实验十二　枸杞花药培养

1. 概述

1.1　枸杞

枸杞属于茄科（图1），是我国传统的"药食同源"植物、名贵药材，其根、茎、叶、果均可入药，具有生态、经济及社会效益。枸杞不仅具有促进和调节免疫功能、保肝和抗衰老三大药理作用，具有很高的药用价值，而且枸杞含有枸杞多糖、类胡萝卜素、甜菜碱、维生素、黄酮等多种营养物质，还具有很高的营养价值。

图1　枸杞

枸杞沿袭传统的栽培方式至今已有500多年历史，目前随着枸杞种植面积的增加及深加工技术的开发，对枸杞品种、品质提出了更高的要求。近年来，为了满足市场发展和商业化的需要，研究者采取多种途径培育枸杞新品种，常规采用群体选优、杂交的方法选育新品种耗时耗力、效率低，而利用花药培养直接成苗技术，可快速获得纯系和突变体，同时可为分子理论研究提供基础材料。

自1964年由Guha和Ma hes hwari首次在毛曼陀罗上通过花药培养获得单倍体植株以来，花药培养先后在许多重要作物上获得成功。枸杞花药离体培养诱导产生单倍体，单倍体经自然加倍或人工加倍处理可产生基因位点纯合的加倍单倍体株系，并由这些DH（Doubled Haploid，加倍单倍体或双单倍体）系构建成永久性分离群体。枸杞花药离体培养可以直接用于育种实践，更广泛地应用于AFLP、RAPD、SSR等分子标记、枸杞基因组测序、遗传图谱构建等遗传学研究。我国枸杞单倍体育种始于20世纪80年代，中国科学院植物研究所顾淑荣研究员首次获得宁夏枸杞花粉植株，为进行单倍体育种，进而利用杂种优势、缩短育种年限和提高育种效率，为枸杞遗传改良和遗传基础物质研究提供理论依据，从而推动我国枸杞产业的快速发展。

1.2 花药培养

花药培养是将一定发育时期的花药在适当条件下，通过2种途径发育成单倍体植株的过程。一是胚发生途径，即花药中的花粉经分裂形成原胚，再经一系列发育过程最后形成胚状体，进而形成单倍体植株；二是器官发生途径，即花药中的花粉经多次分裂形成单倍体愈伤组织，再经诱导器官分化，形成完整单倍体植株。经花药培育成的单倍体植株，再经染色体自然或人工加倍得到纯合二倍体（DH）株系的育种方法即单倍体育种。这种染色体加倍产生的纯合二倍体，在遗传上非常稳定，不发生性状分离，因此，花培育种能极早稳定分离后代、缩短育种年限。花粉植株不论来源于 F_1 或 F_2，其当代株系均表现丰富的多样性，组成了具有多种形态特征的花培株系。因此，花培育种既可充分利用植物的种质资源，又可获得性状的多样性。

花药培养技术相对简单、易于成功，是目前人工诱导单倍体的重要途径。花药接种时花粉所处的发育时期非常重要。从花粉母细胞经减数分裂到成熟花粉要经过单核早期、单核中期、单核后期、有丝分裂期、二核花粉期和三核花粉期。不同的物种最适宜的发育时期不同，大部分花粉处于单核中、晚期，花药培养更容易成功。花药培养前经过一段时间的适度低温预处理，可使愈伤组织诱导率提高几倍甚至几十倍。低温预处理可能造成花药内部除 ABA 以外的内源激素的变化，进而影响愈伤组织的形成。低温预处理后可延长花药壁退化的时间，增加了花药壁释放到培养基中的花药因子，同时在花药壁中积累了大量的淀粉，为花粉的进一步生长发育提供了物质基础，从而有利于愈伤组织的形成。低温预处理延长了花粉退化的时间，促进了花粉的启动和分化，提高了花粉发育的百分率。不同激素及浓度的配比对花药培养的成功与否有着非常重要的影响，不同物种、不同基因型植物材料花药培养效果也存在差异。因此在培养过程中针对某一物种来设置不同的培养基和培养条件以筛选适宜的花药培养方法。另外，在花药培养过程中得到的再生植株不一定完全来自于单倍体花粉，可能受到药壁组织干扰而产生二倍体，必须对其进行倍性鉴定。

2. 实验目的

了解花药培养全过程；学习并掌握花药培养实验方法和操作技术及流程。

3. 实验材料、器具和试剂等

3.1 材料

枸杞花药。

3.2 器具

光学显微镜、盖玻片、载玻片、超净工作台、高压灭菌锅、冰盒、镊子、解剖刀、剪刀、9～12 cm 培养皿、100～1 000 mL 三角瓶、10～1 000 mL 量筒、100~1 000 mL 烧杯、电磁炉（或电炉、可加热磁力搅拌器）、万分之一电子天平、pH 仪（或 pH 试纸）、玻璃棒、50～500 mL 试剂瓶、喷壶、打火机（或火柴）、称量勺、称量纸、无菌滤纸等。

3.3 药品及试剂

1%醋酸洋红、1 mol/L HCl、75%酒精、0.1%氯化汞（$HgCl_2$）溶液、2%~10% NaClO 溶液、MS 培养基、蔗糖、琼脂粉、激素植物生长调节剂（2,4-D、IAA、NAA、KT、6-BA 等）、无菌水。

4. 实验步骤

4.1 器具灭菌、培养基配制、流式细胞测定仪溶液配制

4.1.1 器具灭菌

方法同实验三。

4.1.2 配制培养基并灭菌

培养方法：固体培养、液体培养（与固体培养基相同但不加琼脂）和固液培养（下层 30 mL 固体培养基+上层 10 mL 液体培养基）。配制不同培养基（固体培养基添加 0.7%~0.8%琼脂），pH 值调至 5.8~6.0，分装并灭菌。

愈伤组织诱导：MS+2.5 mg/L 6-BA+0.5 mg/L IAA+5 mg/L NAA+50 g/L 蔗糖

MS+1.0~2.0 mg/L 6-BA+0.5 ~1.0 mg/L 2,4-D+30~50 g/L 蔗糖

MS+1.0 mg/L KT+0.5~1.0 mg/L 2,4-D+30~50 g/L 蔗糖

愈伤组织分化：1/2MS+0.05 mg/L 6-BA+0.01 mg/L IAA+0.01 mg/L NAA+150 g/L 蔗糖

MS+0.5 mg/L 6-BA+0.01 mg/L NAA+30~50 g/L 蔗糖

MS+0.01 mg/L 6-BA+0.2 mg/L NAA+30~50 g/L 蔗糖

愈伤组织生根培养基：MS+0.01 mg/L 6-BA+0.1~0.2 mg/L NAA+30 g/L 蔗糖

胚状体诱导培养基：MS+1.0 mg/L 6-BA+0.1 mg/L NAA+0.8 g/L 活性炭+50~150 g/L 蔗糖

MS+2.0 mg/L KT+0.2 mg/L 2,4-D+0.8 g/L 活性炭+50 g/L 蔗糖

MS+1.0 mg/L 6-BA+0.1 mg/L NAA+1.0 g/L 活性炭+50 g/L 蔗糖

胚状体生根培养基：1/2MS+0.01 mg/L 6-BA+0.2 mg/L NAA+30 g/L 蔗糖

4.1.3 流式细胞测定仪溶液配制

（1）缓冲液的配制。

10 mmol/L $MgSO_4$ · $7H_2O$ + 50 mmol/L KCl + 5 mmol/L HEPES（1 mol/L

HEPES：将 23.8 g hEPES 溶于约 90 mL 水中，用 NaOH 调至 pH 值 8.0，然后用水定容至 100 mL）+0.25%（v/v）Triton X-100。

（2）DNA 提取液。

A：MgSO$_4$ 缓冲液中附加 1%（w/v）聚乙烯吡咯烷酮（PVP）-30，贮藏于 4℃ 中备用；

B：MgSO$_4$ 缓冲液附加 0.40 mg/mL 碘化丙啶（propidium iodide，PI）和 0.40 mg/mL RNase A，现配现用。

4.2 确定花药时期及材料消毒灭菌

确定时期：上午 8:00—10:00，取枸杞不同大小的花蕾，保持低温带回实验室，取不同发育阶段的花药进行涂片镜检，选取多数花粉只有一个核并被挤向一侧，即为单核靠边期，表明此时花药适合作外植体，确定相应花药及花蕾外部形态指标，保证接种材料在发育阶段上的相对一致。

消毒灭菌：将采集的大小合适的花蕾，用湿纱布包好放塑料袋中，扎好袋口，置 4~6℃ 下处理 3~5 d。取花粉发育阶段处于单核靠边期的花蕾用自来水洗干净，用纱布轻轻擦干放入已消毒的烧杯中，用 70%酒精表面灭菌 10~30 s，无菌水冲洗 2~3 次，再移入 0.1%氯化汞中浸泡 10 min，无菌水冲洗 3~5 次。将花蕾置于已灭菌的滤纸上，在无菌条件下剥取花药、去净花丝，每瓶接种 30~50 枚花药。

4.3 花药愈伤组织诱导及分化

4.3.1 愈伤组织诱导

将已灭菌花药直接接种于愈伤组织诱导培养基上进行培养，30~50 枚花药/瓶（皿），暗培养，或者光照同上，20 d 继代 1 次，培养温度为（25±1）℃。

培养 1 周后，大部分花药开始膨胀，花药由淡绿色慢慢地变为浅黄色，局部发生褐变。2 周后，花药由浅黄色变为棕褐色，3 周后陆续在花药壁上、花丝端部或花药裂缝处长出愈伤组织，继续继代培养。诱导的愈伤组织形态颜色、质地再生能力均不同，淡黄色松散型、嫩绿色松散型的愈伤组织质地松散、颗粒小、分散性能好，胚性细胞多、分化频率高。

4.3.2 愈伤组织分化

愈伤组织分化过程中出现 2 种现象：一是再生的无根苗既有茎又有叶，且茎长度大于叶，并且极易从愈伤组织上剥离，这种苗在生根培养基中极容易成活；二是再生的无根苗最先只有叶，然后形成茎，且茎长度小于叶，很难从愈伤组织上剥离，这种苗在生根培养中不易成活。有的愈伤组织分化出深绿色的芽点，这种芽点分化膨胀长出似根状的茎，或大型叶状体。

把 1~3 cm 的花药愈伤组织切成 0.5 cm 小块，转移至分化培养基上，每瓶 2~3 块愈伤组织，进行再分化培养，光照培养。转接 2 d 后愈伤组织体积慢慢增大，7 d后愈伤组织开始由淡黄色慢慢地转变成淡绿色到绿色，14 d 后开始出现绿色的芽点；绿色的芽点出现后 7~14 d，分化成 1~2 cm 的绿色无根小幼苗（图 2）。

图 2　花药愈伤组织形成和植株再生（引自段丽君，2018）

1. 为花药诱导出的愈伤组织；2. 为淡绿色愈伤组织；3. 为嫩绿色松散型的愈伤组织；4. 为灰白色或灰褐色、松软湿润、呈泥状的愈伤组织；5. 为淡黄色松散型的愈伤组织；6. 为黄白色质地坚硬紧密型的愈伤组织；7. 为黄绿色或黄色、块状、质地较硬、表面有颗粒状突起的愈伤组织；8. 为分化前的愈伤组织；9. 为增殖的疏松愈伤组织；10. 为愈伤组织分化出绿点；11. 为分化出芽；12. 为生根培养；13. 为健壮的再生植株；14. 为白化苗；15. 为叶片发紫的再生植株。

4.4　花药胚状体诱导

4.4.1　花药直接诱导胚状体

将已灭菌花药直接接种于胚状体诱导培养基上进行培养。20~30 d 可看到在开裂的花粉囊内形成从球形胚到子叶期不同发育时期的胚状体，胚状体的形状较多，分别有完整植株、白化苗、茎绿色叶尖白色、白色或绿色圆形突起、棒状、白色线形、扇形叶、筒状叶、玻璃化子叶等诸多形状。

4.4.2　愈伤组织液体悬浮培养诱导胚状体

在固体培养基继代培养一段时间后，将淡黄色、淡绿色松散的愈伤组织，可转移到液体培养基（继代培养基不添加琼脂）中。愈伤组织的诱导与继代培养均在 25℃人工光照条件下进行，光照强度 2 000 lx，光照时间 16 h/d，液体培养在（25±2）℃弱散射光下进行。

（1）液体悬浮培养诱导胚性愈伤组织。

取鲜重 1~2 g 颗粒状的优质愈伤组织，用无菌玻璃棒将愈伤组织压碎，置于盛有 20 mL 液体培养基的三角瓶中，然后放在摇床上摇散，24 h 后用 100 目尼龙网过滤，除去愈伤组织碎片及较大的细胞团，再经 100 r/min 的离心机离心 2 min，去掉上面的碎渣，加入一定量的液体培养基，制成细胞悬浮液，单细胞在悬浮液中的含量大于 95%，其细胞密度为 10^5 个/mL，把细胞悬浮液置于 50 mL 三角瓶中，在恒温振荡器上进行连续振荡培养，振荡速度为 100 r/min。

单细胞液体悬浮培养 6~7 d，悬浮培养物的鲜重和体积增加 4 倍左右，7 d 以后细胞系增殖速度开始减慢。在单细胞悬浮液中，多数细胞呈菜豆形、黄瓜形或覆形，培养 48 h 后，部分细胞变圆，细胞质变浓，开始进行细胞分裂，5~6 d 后，细胞分裂形成细胞团，进一步形成愈伤组织块并布满整个培养皿，8~10 d 可观察到一些愈伤组织块中形成胚状体，这些胚状体是由胚性细胞团块形成的，大部分发育到球形胚时期就停止发育，往往与愈伤组织块连在一起。液体培养继代时，每次转入新的液体培养基后，都有大量胚状体产生，但不再继续发育。

（2）转固体培养诱导胚状体及继代培养。

液体培养 7~10 d 后，及时收集悬浮培养物，取 1~2 g 悬浮培养物置于 100 mL 三角瓶中，先用 10 mL 液体培养基清洗 1 次后，转入固体培养基分化培养。固体培养基上细胞团不断长大，由原来的 2 mm 左右长到 5 mm 大小，胚状体能进一步发育，继续培养 1 周。胚状体开始萌发，形成无根绿芽，当芽长到 2 cm 高时，进行生根培养。

4.4.3　胚状体苗生根培养

将子叶期的花药胚状体转移到胚状体生根培养基上进行生根培养。光照时间 10 h/d，光照强度 2 500 lx，20 d 继代 1 次，培养温度为（25±1）℃（图 3）。

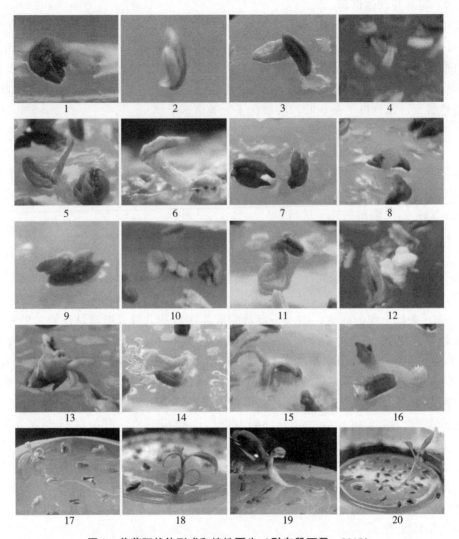

图3 花药胚状体形成和植株再生（引自段丽君，2018）

1~3. 为胚状体；4. 为分生出一片子叶胚状体；5. 为筒状叶；6. 为棒状；7~9. 为扇形叶；10~11. 为分生出2片子叶胚状体；12~15. 胚状体形成的再生芽；16~18. 为分化出叶片和根的小植株；19. 为具有叶片和根的小植株，显现2片子叶，子叶"带帽"（实为花药）；20. 为具有双子叶特征的小植株。

4.5　生根与驯化移栽

4.5.1　生根

　　从芽基部切开，去除基部愈伤组织，转入生根培养基中培养。日光灯照明10 h/d，光照强度1 500 lx，培养温度为（25±1）℃（图4）。

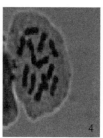

图 4 枸杞生根移栽和形态学与细胞学鉴定

4.5.2 驯化移栽

（1）当幼苗具根 2~4 条、根长 1~1.5 cm 时移至温室内炼苗，在温室内先不开瓶驯化 3 d 后，然后每天将瓶口打开一点，直到完全打开，炼苗 5 d。

（2）移栽前先对移栽基质（河沙或腐殖土中）进行杀菌、杀虫。使用 50%甲霜灵可湿性粉剂 800 倍液喷施土壤杀菌，40%的乐斯本乳油 800 倍液喷施土壤杀虫，然后用塑料薄膜覆盖 24 h 后使用。温室温度控制在 25~28℃，遮阴。

（3）看到无菌苗变得健壮，冲洗无菌苗根部培养基，尽量不要伤根、伤叶。为防止无菌苗移栽过程中脱水，采取边移栽边喷雾的方法。移栽完成后用喷壶冲洗干净茎叶。

（4）温室内搭建拱棚，将移栽后的生根苗放置到拱棚内，拱棚温度保持在 20~35℃，湿度保持在 90%~100%，遮阴，7 d 后慢慢打开，通风炼苗，然后去膜定植。

4.6 形态学鉴定及染色体数目鉴定

4.6.1 形态学鉴定

对比原种幼苗与单倍体再生苗的形态（株高、叶片颜色、大小、宽窄、叶绿色含量、保卫细胞等），结合染色体数目观察进行鉴定，确定是单倍体植株。

4.6.2 染色体数目鉴定

于不同时间分别取培养中的花药愈伤组织，或幼苗根尖，用对秋水仙素+对二氯苯预处理 1.5~2 h，卡诺固定液固定 18 h，1 mol/L HCl 水解 12 min，1%醋酸洋红染色（其他适宜的染色液），常规压片、观察、照相。

4.6.3 DNA 含量鉴定

取 0.2 g 枸杞叶片，加入 1 mL 0℃的提取液 A，在培养皿中用锋利的刀片迅速（1 min 内）将其切碎，溶液用 200 目双层尼龙网过滤至 1.5 mL 的离心管中，加入 500 μL 提取液 B，充分混匀，此时避光适温保存，荧光染色液 PI 染色 5~15 min。

流式细胞仪软件分析检测结果。用已知二倍体（母树）的叶片做对照，横坐标为 DNA 染料 PI 受到激光激发后所发出的荧光强度（面积），纵坐标为细胞核次数。使对照的 DNA 峰值处在横坐标 200 附近，然后检测获得的花粉植株的倍性。峰值处的横坐标在 100 为单倍体，峰值处在 200 为二倍体（图 5）。

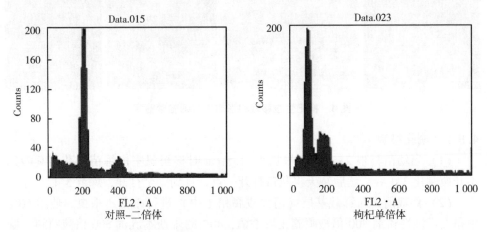

图 5　流式细胞仪测定枸杞花粉植株 DNA 含量

4.7　观察、记录

观察单核靠边期花蕾及花药特征，记录对应的花蕾和花药的大小；30 d 统计愈伤组织（胚状体）数，观察形态特征并拍照；观察所有花粉植株染色体数目并拍照；测定所有花粉植株的 DNA 含量。

5. 注意事项

（1）注意花蕾采集时间，一定要取适当时期的花药才能高效率地诱导胚状体或愈伤组织。

（2）用镊子夹取花药时力度要小。

（3）注意花药的消毒灭菌及接种、继代的无菌操作。

（4）炼苗要循序渐进，切勿一次性揭开封口，避免失水太快，试管苗死亡。

6. 实验报告及思考题

6.1　实验报告

（1）观察、拍照、记录不同培养基胚状体、愈伤组织诱导情况。

（2）资料整理。按下列公式计算诱导率、绿苗分化率、污染率。

诱导率（%）= 发生愈伤组织（胚状体）的花药总数/接种花药总数×100

绿苗分化率（%）= 形成绿苗的总数/接种愈伤组织（胚状体）数×100

污染率（%）= 污染瓶（皿）数/接种总瓶（皿）数×100

（3）报告撰写。将本实验的操作过程及实验结果整理成实验报告。

6.2 思考题

（1）所选取材料花蕾的大小与花粉发育时期的关系如何？

（2）不同激素组合、浓度等培养条件对花药培养的影响如何？

7. 参考文献

曹有龙，贾勇炯，陈放，等，1999. 枸杞花药愈伤组织悬浮培养条件下胚状体发生与植株再生［J］. 云南植物研究，21（3）：346-350.

段丽君，曹有龙，2009. 枸杞花药离体培养技术体系的建立［J］. 江苏农业科学（5）：58-60.

段丽君，曹有龙，2018. 枸杞花药培养研究［J］. 种子，37（9）：100-105.

段丽君，周军，曹有龙，等，2009. 6 种枸杞植物花药培养单倍体的诱导［J］. 安徽农业科学，37（2）：531-532.

樊映汉，臧淑英，赵敬芳，1982. 两种枸杞植物花药培养单倍体的诱导［J］. 遗传，4（1）：25-26.

顾淑荣，1981. 枸杞花粉植株的获得［J］. 植物学报（3）：246-248.

顾淑荣，桂耀林，徐廷玉，1985. 枸杞胚乳植株的诱导［J］. 植物学报，27（1）：106-109.

罗青，李晓莺，张曦燕，等，2011. 枸杞花药培养影响因素探析［J］. 宁夏农林科技，52（7）：71-72.

罗青，张波，戴国礼，等，2018. 枸杞单倍体花粉败育的细胞学观察［J］. 黑龙江农业科学（12）：17-19，27.

罗青，张波，李彦龙，等，2014. 温度及暗培养对枸杞花药胚状体诱导的影响［J］. 北方园艺（17）：111-113.

罗青，张波，李彦龙，等，2016. 不同基因型枸杞对花药胚状体诱导的影响［J］. 宁夏农林科技，57（1）：6-7.

罗青，张波，李彦龙，等，2016. 枸杞花药离体培养获得单倍体植株［J］. 宁夏农林科技，57（6）：17-19，63.

钱春艳，曹有龙，段安安，等，2010. 枸杞花药培养若干影响因子的研究［J］. 江苏农业科学（6）：76-78.

钱春艳，曹有龙，段安安，等，2010. 枸杞花药培养体系优化［J］. 安徽农业科学（2）：1079-1081.

张波，曹有龙，付海辉，等，2012. 宁夏枸杞新优品系花药愈伤诱导的影响因素［J］. 江苏农业科学，40（3）：53-54.

张波，罗青，张曦燕，等，2016. 宁夏枸杞花药培养胚状体的诱导［J］. 北方园艺（9）：105-108.

第三部分　创新实验

实验十三　荒漠植物多倍体诱导与鉴定

1. 概述

1.1　荒漠植物

肉苁蓉（*Cistanche deserticola* Ma）是列当科肉苁蓉属多年生的专性根寄生植物，寄生在梭梭、碱蓬等旱生植物根部（图1）。具肉质茎，属珍稀药用植物，生长在干旱荒漠中。肉苁蓉内含生物碱、黄酮类、苯乙醇苷、环烯醚萜苷等多种活性成分，具有补肾、益精、通肠、提高人体免疫力、抗衰老、抗疲劳等多种功能，肉苁蓉为名贵中药，药材的市场需求量大，有较高的经济价值。肉苁蓉在我国内蒙古、新疆、宁夏等地区的人工种植已经初具规模，但是由于肉苁蓉生境特殊，其产量不高，也极易受当地生态环境的影响。

图1　肉苁蓉

新疆雪莲［*Saussurea involucrata*（Kar. et Kir.）］系菊科风毛菊属多年生草本植物，是名贵的中药材（图2）。全草可入药，是维吾尔族等民族的常用药，甘温、微苦、归肝、肾经，可祛风湿、强筋骨、补肾阳、调经止血；可外敷，用于外伤出血等。分布于新疆（乌鲁木齐、博格达山、和硕），主要生长在海拔3 600～4 800 m的风化带和雪线上的石隙、砾石及沙质湿地中，喜潮湿和凉爽，光照强烈的复杂性气候环境，能在5～39℃正常发芽生长，盛花期能迎着寒风傲雪及烈日毅然开放，生命力极强。由于雪莲生长于极端环境，人工栽培困难，长期以来对雪莲的粗放型和掠夺性采挖，导致目前雪莲资源日益匮乏。

新疆一枝蒿（*Artemisia rupestris* L.）属菊科蒿属，新疆维吾尔族人民常用药

图 2　新疆雪莲

材，多年生，高 20~50 cm，气味芳香，味微苦（图 3）。药用全草，具有活血、抗过敏、清热解毒、消食健胃、镇静镇吐等功能，主要用于治疗各种感冒、急慢性扁桃体炎、荨麻疹、消化不良、胃疼胃胀、跌打红肿、慢性肾炎和钩端螺旋体病等，对感冒和肝炎的疗效更为显著。

图 3　新疆一枝蒿

黑果枸杞（*Lycium ruthenicum* Murray）属茄科枸杞属多年生落叶灌木，广泛分布于我国新疆、宁夏、甘肃、内蒙古等荒漠地区（图 4）。野生黑果枸杞具有较高的耐旱和耐盐碱性，根蘖具有较强的繁殖能力，生长条件恶劣，具有抗寒、耐盐碱、耐干旱的栽培特点，具有明显的防风固沙和维持生态平衡的作用，在生态修复方面有其独特的优势，因此黑果枸杞的发展对于我国干旱区的修复具有重要意义。黑果枸杞可以治疗心热病、心脏病、月经不调等病症。黑果枸杞中含有蛋白质、维生素以及矿物质等多种营养成分，食用价值较高，其果实也含有丰富的花青素成分，具有抗氧化和抗过敏功能，能增强人体免疫力和改善睡眠，黑果枸杞的营养价值要高于普通枸杞。

图 4　黑果枸杞

1.2　多倍体研究的意义

多倍体是物种演化的一个重要因素，由多倍体产生新物种一般不需要较长的演变过程，旧物种通过染色体加倍，在自然界作用下经过较短时间即可形成新的物种，这在一些显花植物中尤为明显，栽培植物中多倍体的比例也比野生植物多。植物中至少有 1/3 以上的种是多倍体，被子植物中多倍体占 1/2 以上，而禾本科植物多倍体占到 3/4 以上。多倍体是植物发生变异的重要途径之一，多倍体化是促进植物进化的主要机制，也导致了被子植物的高度多样化。

多倍体植物有 3 套或更多套染色体组，染色体数目的增加以及额外的基因组相互作用和遗传改变，往往使多倍体植株的性状优于二倍体植株，从而使多倍体化成为作物改良的可靠途径。植物多倍化，可使植物增产增收、植物有效成分含量提高、抗性增强、克服远缘杂交不亲和等。多倍体已在植物育种中成功实施，以提高马铃薯、红三叶草、甜菜、西瓜等几种作物的总产量和生物量。多倍体育种是一种有效的育种途径。

1.3　多倍体诱导方法

1.3.1　体细胞染色体直接加倍

有研究表明，机械损伤、高温和低温、辐射、化学试剂等理化处理方法均可获得多倍体。但这些诱导产生多倍体随机性强，或诱导条件苛刻，相比较而言，其中以秋水仙素诱导效果最佳，其作用机理也十分明确。通过以上方法植物细胞染色体数目加倍后继续分裂，即形成多倍性的组织，由多倍性组织分化产生的性细胞，可通过有性繁殖方法把多倍体繁殖下去，多倍性的组织也可通过无性繁殖（扦插、压枝、组织培养）的方法保存、繁殖。

秋水仙素溶液的主要作用是抑制细胞分裂时纺锤体的形成，使染色体向两极的移动被阻止，而停留在分裂中期的分布，这样细胞核及细胞不能继续分裂，从而产生染色体数目加倍的细胞核。秋水仙素诱导获得的多倍体材料存在大量的嵌合体，需要鉴定、分离与纯化。

秋水仙素诱导多倍体可通过浸渍、涂抹、喷雾法、注射法、药剂培养基等方法；不同植物对秋水仙素有不同的敏感性，秋水仙素的有效浓度一般在 $0.01\%\sim 0.4\%$，其中又以 0.2% 左右的浓度最为常用，在实践中常以 0.2% 浓度为标准，向下或向上筛选合适的浓度；处理时间一般不少于 24 h，处理时间多为 $2\sim 6$ d。总的说来，处理浓度越高则处理的时间相应较短，相反，就应延长处理时间；处理温度一般在 $18\sim 25℃$，植物的生长与细胞分裂旺盛，处理的效果较好。

1.3.2　利用不同倍性种质进行杂交

利用不同倍性体杂交是获取新的多倍体最为简捷而有效的途径，如采用四倍体西瓜为母本，以二倍体西瓜为父本，经杂交可获得三倍体无籽西瓜，在生产实践中具有十分广泛的用途。

1.3.3　天然或人工未减数配子杂交

直接利用天然未减数 2n 花粉进行授粉，经有性杂交获得多倍体种质，例如桃树。

1.3.4　三倍性的胚乳培养

在大多数被子植物中胚乳是天然三倍性，如果在其未退化以前解剖分离胚乳进行组织培养，也可以获得三倍体植株。米佳丽等分离枸杞胚乳诱导三倍体愈伤组织；齐力旺等诱导油松、白皮松、青杆、华北落叶松胚乳形成三倍体的愈伤组织。

1.3.5　细胞融合

将植物的细胞壁用纤维素酶与果胶酶处理后，分离纯化可得无细胞壁的原生质体，在聚乙二醇（PEG）或电融合仪中，可发生融合获得多倍体。然而，聚乙二醇或电场介导的原生质融合常是 3 个或更多的原生质体发生融合。因此，原生质体培养获得的植株往往不是一个单纯的多倍体，而是有原二倍体、有四倍体和其他倍性水平的多倍体，还经常存在非整倍体。经处理获得的植株在以后多代筛选才能得到一个稳定的多倍体植株，而这常需要较长的时间来进行筛选。

1.4　多倍体鉴定方法

多倍体鉴定的方法较多，总的来说可分为 3 个水平：植物形态学水平、细胞水平和分子水平。

1.4.1　多倍体植物形态学水平上的鉴定

多倍体植物气孔、植株大小、花粉、种子、果实、叶片等明显变大，叶片上单位面积的气孔数目减少，气孔密度降低。因此，可依据此原理对多倍体材料进行鉴定。气孔尺寸和花粉直径的测量最为可靠，一般情况下，多倍体的气孔和花粉较二倍体大，鉴定简便易行，但无法提供最直接的证据，且容易受环境异常等因素的影响。

1.4.2 多倍体植物细胞水平上的鉴定

如果通过染色体计数技术来检查花粉母细胞，茎尖、根尖细胞内染色体的数目，可提供植株是否为多倍体的最直接证据。进行染色体计数取材料常限于植物的旺盛分裂的根尖或茎尖，想要获得分散良好清晰的制片还相当费时；利用流式细胞仪测定细胞核 DNA 含量可鉴定植物倍性水平。其技术原理在于提取植物的细胞核后，采用碘化吡啶、阿定橙等荧光染料对染色体进行染色，流式细胞仪可测量其荧光强度的变化。

1.4.3 多倍体植物分子水平上的鉴定

GISH、FISH 的应用不仅能鉴定细胞的倍性，而且还能鉴定其亲本的来源；此外 RAPD 和 RFLP 等分子标记技术也已成功地应用到多倍体鉴定领域的研究中，随着分子标记技术的发展和完善，为多倍体的分子鉴定提供了更加良好的技术平台。

1.4.4 其他方法

还有一些研究者利用远红外成像系统来辨别多倍体植株或个体，其主要依据是根据植物加倍后，其保卫细胞的开闭程度与二倍体保卫细胞的开闭程度有差别，由此导致两者的叶片表面温度也有相应差别，远红外成像系统对叶片温度非常敏感，能辨别 0.03℃ 的温差，因此，它能迅速而准确地辨别和鉴定出多倍体。

2. 实验目的

理解多倍体在生物进化、新品种选育中的重要意义，学习并掌握人工诱导多倍体的原理，掌握用秋水仙素等诱发多倍体的方法，观察植物多倍体的特点、植物染色体数目的变化及引起植物其他器官的变异情况，掌握植物多倍体鉴定的方法。

3. 实验材料、器具和试剂等

3.1 材料

新疆一枝蒿（$2n = 18$）、雪莲（$2n = 32$）、肉苁蓉（$2n = 40$）、黑果枸杞（$2n = 24$）。

3.2 仪器、设备、器具等

超净工作台、高压灭菌锅、流式细胞测定仪、显微镜、光照培养箱或培养室、离心机、冰盒、镊子、解剖刀、剪刀、载玻片、9～12 cm 培养皿、100～1 000 mL 三角瓶、10～1 000 mL 量筒、100～1 000 mL 烧杯、电磁炉（或电炉、可加热磁力搅拌器）、万分之一电子天平、pH 仪（或 pH 试纸）、玻璃棒、50～500 mL 试剂瓶、喷壶、打火机（或火柴）、称量勺、称量纸、无菌滤纸等。

3.3 药品及试剂

70%~75%酒精、0.1% HgCl$_2$溶液、H$_2$O$_2$、2%~10% NaClO 溶液、MS 培养基、WPM 培养基、蔗糖、琼脂粉、激素/植物生长调节剂（噻苯隆 TDZ、NAA、6-BA）、无菌水、二甲基亚砜（DMSO）、秋水仙素、0.002 mmol/L 8-羟基喹啉溶液、Tris-HCl、KCl、NaCl、EDTA-Na$_2$、巯基乙醇、TritonX-100、MOPS [3-(N-吗啉基) 丙磺酸]、柠檬酸钠、卡诺固定液（95%乙醇：冰醋酸体积比= 3：1）、不同浓度酒精、1 mol/L HCl、改良苯酚品红溶液、1%龙胆紫溶液、1% 醋酸洋红溶液等。

4. 实验步骤

4.1 培养基配制

MS 培养基配制、灭菌方法同实验三。

以下 MS 培养基均添加0.8%琼脂粉和3%蔗糖，pH 值6.1。培养温度为23~25℃，光照强度为1 000~1 500 lx，光照时间 16 h/d。

4.1.1 雪莲培养基

（1）出芽培养基：MS+0.5 mg/L 6-BA+0.5 mg/L TDZ+0.1 mg/L NAA+2% dMSO+秋水仙素。

（2）出芽培养基：MS+0.5 mg/L 6-BA+0.5 mg/L TDZ+0.1 mg/L NAA。

（3）增殖培养基：MS+0.5 mg/L 6-BA+0.05 mg/L NAA。

4.1.2 新疆一枝蒿培养基

（1）种子萌发培养基：MS。

（2）增殖培养基：MS+1 mg/L 6-BA+0.05 mg/L NAA。

（3）诱导多倍体培养基：MS+1 mg/L 6-BA+0.05 mg/L NAA+2% dMSO+不同浓度秋水仙素。

（4）生根培养基：MS+0.05 mg/L NAA。

4.1.3 黑果枸杞培养基

（1）WPM+5.5 g/L 琼脂+30 g/L 蔗糖。

（2）生根培养基：WPM+0.5 mg/L IBA+5.5 g/L 琼脂+30 g/L 蔗糖

温度（25±2）℃、光照为 12 h/12 h。

4.2 流式细胞测定仪解离液

解离液①：15 mmol/L Tris-HCl, 80 mmol/L KCl, 20 mmol/L NaCl, 20 mmol/L EDTA-Na$_2$, 15 mmol/L 巯基乙醇和 0.05（v/v）TritonX-100，pH 值7.5。

解离液②：20 mmol/L MOPS, 30 mmol/L 柠檬酸钠, 45 mmol/L MgCl$_2$, 0.1 （v/v）TritonX-100，pH 值7.0，-20℃。

4.3 诱导与鉴定

在0.05%~0.5%范围内设计秋水仙素浓度多个梯度。

4.3.1 肉苁蓉

4.3.1.1 诱导方法

用加样枪刺入肉苁蓉鳞片叶包裹的生长点，注入100 μL的0.2%秋水仙碱溶液、琼脂和二甲基亚砜=200∶200∶1 (v/v/v) 的混合溶液。处理时田间温度在15~20℃，设置3个时间梯度：1 d、2 d和3 d，每组处理15个植株，处理完毕后用清水反复洗涤植株生长点，以去除秋水仙碱对植株的持续作用和毒害。同时用0.1%琼脂与少量亚甲基亚砜处理15个植株作为空白对照组。

4.3.1.2 形态学鉴定

处理时在距离植株顶点2 cm处做下标记，测量此时植株胸径。在肉苁蓉经过快速生长期与开花前再次量取顶点到标记的距离以及胸径。使用前后测得的高度差和胸径差为统计对象，用统计学的邓肯多重比较方法初步检验处理株与对照株长势差异。

4.3.1.3 细胞学鉴定

于上午9∶30—11∶30取肉苁蓉雄蕊，参照李懋学等（2005）方法：取在卡诺固定液（乙醇∶乙酸=3∶1）中固定24 h的花，置于洁净载玻片上，取出雄蕊，将雄蕊从中间剖开，滴加铁矾苏木精染液，用镊子夹碎。花药作涂片，压片，烤片，镜检，照相（图5、图6）。

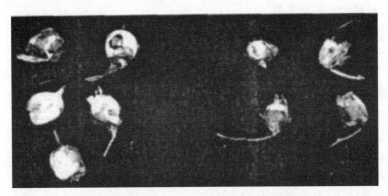

图5　肉苁蓉子房（左：诱变植株，右：对照植株）

4.3.2 新疆雪莲

4.3.2.1 多倍体诱导

（1）秋水仙素浸种法。

将未消毒的雪莲种子分别浸泡在不同浓度的秋水仙素与2%的二甲基亚砜溶液中，共处理6~12 h，然后将处理后的种子消毒后，接种到MS基本培养基上培

图 6　肉苁蓉多倍体花粉粒的染色体数目

养。每种浓度处理 100 粒种子。

（2）浸根法和茎段处理。

将雪莲种子依次用 75% 乙醇表面消毒 30 s，0.1% $HgCl_2$ 溶液消毒 10 min，15% H_2O_2 溶液 30 min，灭菌水漂洗 4~6 次，接种于 MS 基本培养基上。

浸根法：种子露白后，待胚根长至 1 cm 左右，转接至含有 2% 二甲基亚砜（DMSO），且分别含不同浓度秋水仙素的 MS 基本培养基上，分别培养 12~24 h。然后将处理后的种子转移到不含秋水仙素和二甲基亚砜的 MS 基本培养基上培养。

茎段处理：将苗龄 50 d 的无菌苗切除根、叶，保留茎干。将茎干接种于培养基（1）上培养 2~4 d，然后转移至培养基（2）上诱导出芽，之后进行茎尖染色体鉴定。染色体鉴定后，将最佳诱导组合产生的嵌合体苗切割成叶片和茎段两部分，皆转移至 MS 基本培养基上，促使不定芽再生，然后切成单株，在培养基（3）上反复继代。

培养温度（25±1）℃，光照强度为 1 500~2 000 lx，光照时间为 16 h/d。

25~30 d 后对变异植株的形态及解剖结构进行记录和统计，重复 3 次。

4.3.2.2　鉴定

（1）形态学鉴定。

记录对照和变异植株的叶宽、叶色、叶长、叶厚等形态指标（图 7）。

（2）解剖学鉴定。

随机选取对照和变异植株的叶片，分别在距叶缘 0.5 cm 处避开叶脉剪取 5 mm×5 mm 的矩形段，将叶片正面粘在胶带上，再将胶带对折过来平整地粘贴在叶片的背面，然后用手指对捏胶带，使胶带与叶片的两面充分粘着。小心将对折的胶带撕开，叶片的下表皮便粘贴在胶带上，将其固定在滴有 1 滴蒸馏水的载玻片上，盖上盖玻片，压平后置于高倍显微镜（10×40）下，用标定好的目镜测微尺测量气孔的长度和宽度，共测量 50 个气孔（图 8）。

图7 雪莲多倍体形态学变化（CK 为二倍体对照）

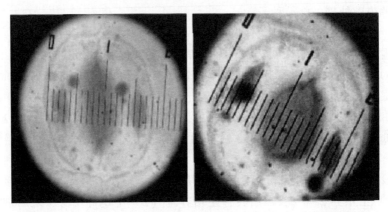

图8 多倍体雪莲保卫细胞大小比较（左为二倍体，右为四倍体）

（3）染色体观察。

于上午8:00—10:00剥取幼嫩植株的茎尖生长点，于4℃下用0.002 mmol/L的8-羟基喹啉溶液预处理4 h，接着用卡诺固定液（95%乙醇：冰醋酸体积比＝3:1）室温固定24 h，弃去固定液，保存于4℃冰箱。茎尖生长点置于60℃水浴锅中1 mol/L HCl水解9~12 min，蒸馏水冲洗干净，用改良苯酚品红溶液染色20 min，压片、显微镜100倍油镜下观察并照相（图9）。

（4）流式细胞仪倍性分析。

将嫩叶在盛有3 mL解离液①的培养皿中剪碎，200目尼龙网过滤，1 000 r/min离心漂洗3次，取沉淀加入70%的酒精用封口膜封存送检（图10）。

4.3.3 新疆一枝蒿

4.3.3.1 茎段外植体获得

挑取饱满的种子，用布将种子包裹严实，浸泡在75%酒精中消毒2~3 min，然后再分别浸泡在0.1%升汞、15% H_2O_2中灭菌各16 min和20 min，最后用无菌

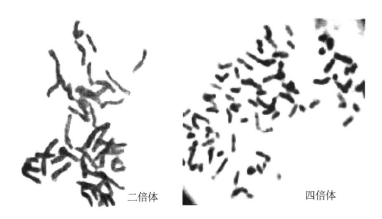

图9 多倍体雪莲茎尖生长点细胞染色体数目比较

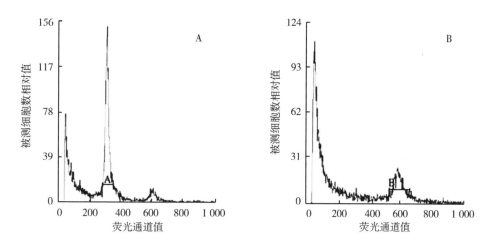

图10 多倍体雪莲DNA含量鉴定（横坐标300为二倍体，600为四倍体）

镊子夹出布包，置于无菌水中冲洗5次。随后将布包用无菌镊子打开，平铺在灭过菌的附滤纸的培养皿中，用滤纸吸干种子表面的水分后，将种子接入培养基（1）上。种子4~5 d后开始萌发，约14 d后长成完整的无菌苗。

切除新疆一枝蒿无菌苗的叶片和根，剩下的茎段切成约1.5 cm长度，接种到新疆一枝蒿的芽增殖培养基（2）上，3~5 d后接种的茎段外植体侧芽部位可见绿色的点状突起。

4.3.3.2 多倍体诱导

（1）采用茎段浸泡法。将已培养3~5 d的茎段分别浸泡在经高压灭菌的不同浓度秋水仙素水和2% DMSO溶液中，分别在转速为50 r/min的摇床上震荡0.5 d、1 d、2 d、3 d。处理后，茎段再用无菌水冲洗3次，然后接种于培养基上（2）上。

（2）培养基培养法。将已培养 3～5 d 的茎段分别接种到经高压灭菌且含不同浓度秋水仙素的培养基（3）中，处理时间为 10 d、20 d、30 d。然后将茎段接种在培养基（1）上，分别培养 60 d，将长大的侧芽切下，转接到培养基（3）中诱导生根。

4.3.3.3　多倍体鉴定

形态学、解剖学观察同上，主要根据叶色、叶厚、茎粗壮、根粗、叶片保卫细胞大小、密度等进行比较。

染色体数目鉴定：切取再生植株幼嫩的根尖 4～6 mm 或茎尖，于 4℃ 条件下用 0.002 mol/L 8-轻基喹啉溶液预处理 4 h，于 4℃ 条件下用卡诺固定液固定 24 h，弃去固定液保存于 4℃ 冰箱中。解离、制片、染色体、显微镜观察同上（图 11）。

流式细胞仪测定 DNA 含量同上（图 12、图 13）。

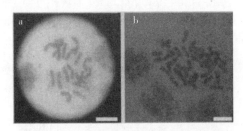

图 11　新疆一枝蒿多倍体染色体数目鉴定

图 12　新疆一枝蒿多倍体形态学鉴定

4.3.4　黑果枸杞

4.3.4.1　种子预处理

将采摘的果实洗去果肉并晾晒，挑选饱满种子，砂纸轻打磨表皮后，流水冲洗 24 h。超净工作台中 75% 酒精消毒 1 min，无菌水漂洗 3 次，8% NaClO 浸泡种子 8 min，无菌水漂洗 3 次。

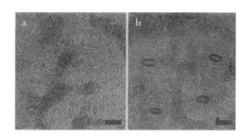

图 13 新疆一枝蒿多倍体气孔鉴定

4.3.4.2 多倍体诱导

将经预处理的野生黑果枸杞种子，分别用不同浓度的秋水仙素（含 2% 的二甲基亚砜）处理 24 h、36 h、48 h、60 h，室温下避光，每个处理 100 粒种子。处理后，无菌水冲洗 3 次，接种到培养基（1）中，且继代培养。30 d 统计不同秋水仙素浓度处理的种子发芽率。

将不同处理的植株分株接种到培养基（2）中生根培养。待其长高后分株进行倍性鉴定并统计四倍体植株诱导率。

4.3.4.3 多倍体鉴定

形态学、解剖学和细胞学鉴定方法同上（图 14 至图 16）。

图 14 不同倍性黑果枸杞试管苗生长情况（左为二倍体，右为四倍体）

流式细胞仪测定 DNA 相对含量：称取 0.5 g 顶部新生嫩叶片，在加有 800 μL 解离液②的培养皿中用手术刀快速切碎，低温孵育 5 min，350 目尼龙滤网过滤，1 000 r/min 离心 5 min。整个操作过程在冰上进行。制备的细胞核悬浮液离心后弃上清，加入 100 μL 解离液②和 20 μL 的碘化丙啶（PI）染色液，染色液浓度为 20 mg/L，冰上避光染色 30 min，随即上机检测。以二倍体黑果枸杞组培苗为对照，检测为多倍体的植株则重复检测分析 3 次（图 17）。

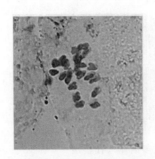

图 15　不同倍性黑果枸杞染色体压片结果（左为二倍体，右为四倍体）

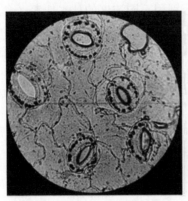
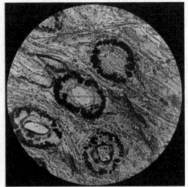

图 16　多倍体黑果枸杞气孔大小和密度（左为二倍体，右为四倍体）

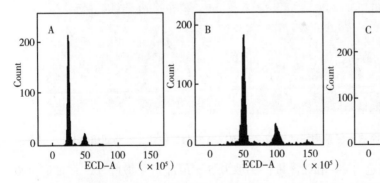

图 17　不同倍性黑果枸杞 DNA 含量比较（A：二倍体；B：四倍体；C：嵌合体）

4.4　四倍体植株繁殖

　　经鉴定具有真实性的四倍体植株，生长至一定高度的四倍体组培苗移栽到温室花盆中，观察其生长情况，为后续药用成分提取及鉴定提供足够的材料。

5. 注意事项

（1）秋水仙素有毒，在使用过程中注意防护，使用后的废液需要回收。

（2）不同基因型的材料，秋水仙素诱导浓度和时间会有差异，设置浓度时注意合适梯度。

（3）不同植物材料因基因组大小等原因，解离液效果可能不同，实际操作时，可考虑与其他解离液进行对比，筛选合适的解离液。

（4）注意消毒灭菌及接种、继代的无菌操作。

6. 实验报告及思考题

6.1　实验报告

（1）观察、拍照、记录不同培养诱导方法、不同秋水仙素浓度、不同处理时间的诱导结果。

（2）计算诱导率、评价诱导效果。

发芽率（%，成活率）= 发芽（成活）植株数量/处理种子或外植体总数× 100

诱导率（%）= 多倍体植株数量/发芽种子数量× 100。

（3）将本实验的操作过程及实验结果整理成实验报告。

6.2　思考题

（1）多倍体的化学诱导法和物理诱导法的原理有哪些异同点？

（2）人工诱导多倍体的植物（作物）有哪些应用于生产中，如何保存繁殖？

（3）不同多倍体诱导方法有哪些优缺点？

7. 参考文献

高粉红，何丽君，陈海军，等，2020. 野生黑果枸杞染色体加倍及其多倍体核型分析［J］. 分子植物育种，18（22）：7522-7529.

康喜亮，郝秀英，刘敏，等，2011. 秋水仙素诱导天山雪莲四倍体的研究［J］. 西北植物学报，31（1）：180-185.

李文文，2008. 新疆特色药用植物多倍体的诱导与鉴定［D］. 乌鲁木齐：新疆大学.

李文文，谢丽琼，王程，等，2008. 荒漠肉苁蓉多倍体的诱导与鉴定［J］. 新疆农业科学（2）：337-341.

林颖，龙自立，张璐，等，2012. 猕猴桃胚乳再生植株体系的优化［J］. 核农学报，26（2）：257-261，310.

刘继红，邓秀新，2001. 电融合获得用于选择抗 CTV 砧木的酸橙与甜橙体细胞杂种植株（英文）［J］. 植物生理学报（6）：473-477，548.

邵冰洁，万思琦，刘江淼，等，2018. 黑果枸杞和宁夏枸杞的多倍体诱导和鉴定［J］. 分子植物育种，16（8）：2593-2599.

唐晓义，王晓军，郝秀英，等，2008. 秋水仙素诱导新疆一枝蒿多倍体［J］. 植物生理学通讯，44（6）：1131-1134.

唐晓义，王晓军，康喜亮，等，2008. 新疆一枝蒿的组织培养与快速繁殖［J］. 植物生理学通讯，247（3）：523.

汪文晶，2020. 野生黑果枸杞再生体系建立与染色体加倍［D］. 呼和浩特：内蒙古农业大学.

杨雪君，2017. 利用秋水仙素诱导黑果枸杞多倍体研究［D］. 天津：天津农学院.

于立霞，何丽君，刘嘉伟，等，2022. 内蒙古野生黑果枸杞四倍体试管苗的创制与繁殖［J］. 干旱区资源与环境，36（2）：147-154.

张虹，龙宏周，路国栋，等，2017. 黑果枸杞多倍体诱导及鉴定［J］. 核农学报，31（1）：59-65.

张蜀敏，王晓军，郝秀英，等，2008. 新疆雪莲多倍体的诱导初探［J］. 西北农业学报（1）：216-220.

实验十四　甘草组织培养及有效成分的提取

1. 概述

　　甘草在世界范围内被广泛种植，其具有很强的抗逆性，并且可以作为食物以及一味常见的中草药材入药。作为我国的大宗植物药材，素有"十方九草""无草不成方"之说，属于优势药用资源植物。甘草中具有很多种活性成分，主要包括甘草苷、甘草酸、甘草类黄酮化合物等。其中一些活性成分对于炎症、病毒、癌症以及抗衰老方面颇具疗效。

　　早在 20 世纪 80—90 年代，国内就开始了对甘草组织培养的大量研究，试图诱导再生植株。经过多年的发展，甘草的组织培养在离体再生、快速繁殖、次生代谢产物积累、毛状根诱导等多方面取得了一定的成果。目前，在甘草愈伤组织诱导方面，多数研究表明用下胚轴作为外植体材料诱导愈伤率最高，其次是子叶。通常以 MS 培养基作为基本培养基，在所有植物激素中 6-BA 是必不可少的，而 2,4-D 有利于非胚性愈伤组织的诱导及继代培养。通常将 NAA、6-BA 和 2,4-D 3 种激素配合使用，但也有其他的激素使用类型。众多研究结果可知，甘草愈伤组织诱导较为容易，但其分化成芽则比较困难，分化率仅有 2.5% ~ 6.0%。而且就外植体来源而言，通常来源于下胚轴的愈伤组织分化成芽的几率要高于来源于子叶及胚根的愈伤组织。生根培养基多为 1/2 MS 培养基添加一定量的 NAA 或 IAA。

　　甘草组织培养的另一个重要应用就是利用愈伤组织或者毛状根等组织培养物来累积甘草中的重要次生代谢产物，甘草组织培养物中的主要次生代谢产物为甘草黄酮和甘草酸。在组织培养物如愈伤组织、毛状根中过表达黄酮代谢途径或三萜代谢途径上的关键功能基因则有利于相应的次生代谢产物的积累。

　　本实验参考大量文献资料以及本实验室前期预实验，介绍甘草的组织培养过程及方法。

2. 实验目的

　　通过本实验的学习掌握甘草组织培养的原理，熟悉外植体培养、愈伤组织诱导和增殖、胚性愈伤形成及植株再生的方法。掌握提取甘草活性成分的方法，学会使用相关仪器。

3. 实验仪器、材料和试剂

3.1 主要仪器

甘草组织培养：超净工作台、恒温培养箱、pH 试纸、灭菌锅、三角瓶、培养皿、滤纸、镊子、剪刀、移液器等。

甘草活性成分提取：电子天平、研钵、离心管、超声提取仪、离心机、冰箱、离心管等。

3.2 材料

乌拉尔甘草种子。

3.3 试剂

(1) 0.1%的升汞（$HgCl_2$）、98%硫酸，6-BA、IAA、KT 等生物调节剂。

(2) MS 大量元素母液配制（表1）。

表 1　MS 大量元素母液配方

名称	用量/L
NH_4NO_3	16.50 g
KNO_3	19.00 g
$CaCl_2 \cdot 2H_2O$	4.40 g
$MgSO_4 \cdot 7H_2O$	3.70 g
KH_2PO_4	1.70 g

(3) MS 微量元素母液配制（表2）。

表 2　MS 微量元素母液配方

名称	用量/L
$MnSO_4 \cdot 4H_2O$	2.23 g
$ZnSO_4 \cdot 7H_2O$	0.86 g
H_3BO_4	0.62 g
KI	0.166 g
$Na_2MoO_4 \cdot 2H_2O$	0.05 g
$CuSO_4 \cdot 5H_2O$	0.005 g
$CoCl_2 \cdot 6H_2O$	0.005 g

（4）MS 有机物母液配制（表3）。

表3 MS 有机物母液配方

名称	用量/L
甘氨酸	0.1 g
盐酸吡哆	0.025 g
盐酸硫胺	0.02 g
烟酸	0.025 g
肌醇	5.0 g

（5）MS 铁盐母液配方（表4）。

表4 MS 铁盐母液配方

名称	用量/L
$Na_2 \cdot EDTA$	3.73 g
$FeSO_4 \cdot 4H_2O$	2.78 g

（6）MS 培养基配方（表5）。

表5 MS 培养基配方

名称	用量/L
大量元素母液	10 mL
微量元素母液	10 mL
有机物母液	10 mL
铁盐母液	10 mL
琼脂条	8.0 g
蔗糖	30.0 g

（7）液氮。

4. 实验步骤

4.1 甘草组织培养

4.1.1 甘草无菌下胚轴的制备

将籽粒饱满的甘草种子用98%的 H_2SO_4 处理 60 min；处理完的种子经无菌水冲洗 3~5 次后，在超净工作台内用 0.1% 的升汞浸泡 30 min，用无菌水冲洗 8~10 次，接种至 MS 固体基本培养基（不添加激素）上；将培养基放置于温度 25℃、光强 1 500 lx、光照 12 h/d 的培养箱中；5~7 d 后，待株高 3~4 cm 时，即可作为外植体材料；使用解剖刀将无菌苗下胚轴切成 1 cm 小段作为后续试验材料。

4.1.2　甘草愈伤组织诱导及分化

根据查阅大量文献以及本实验室前期预实验，以乌拉尔甘草的下胚轴作为外植体，MS 培养基作为基本培养基，培养基成分为 MS+6-BA 1.5 mg/L+IAA 0.3 mg/L+KT 0.2 mg/L，pH 值调节为 5.8~6.2。在超净工作台内，将乌拉尔甘草下胚轴接种于诱导培养基上，将培养基放置于温度 25℃、光强 1 500 lx、光照 12 h/d 的培养箱中，每隔 10 d 更换 1 次诱导培养基。

4.1.3　生根培养

将愈伤组织上分化出的芽转移至 1/2 MS+0.2 mg/L IAA 固体培养基中，然后置于温度 25℃、光强 1 500 lx、光照 12 h/d 的培养箱中，10 d 后记录生根情况。

4.1.4　再生植株炼苗及移栽

（1）试管苗移栽，首先将试管苗松盖后放入光照培养箱中让其生长 3~5 d。

（2）选取营养土与蛭石 1∶1 混合，121℃条件下灭菌 15 min，降至室温后分装至口径 8 cm 花盆中备用。

（3）将试管苗洗干净栽种于花盆中用地膜封闭生长 1~2 d，再将地膜半开口使其生长 10~15 d 后完全揭开地膜。试管苗在移栽到花盆中时注意土壤不能特别湿（用手触摸时感觉有水分就可以），将花盆放在相对潮湿的空气当中，光照不能太强，待其完全揭开地膜时开始慢慢增加光照强度。

4.2　甘草中活性成分提取

（1）将甘草地上部分和地下部分分别称重，分别在研钵加入液氮充分碾磨，将粉末转移至离心管中，加入 5 mL 提前预冷的 100%甲醇，颠倒混匀。

（2）超声提取（温度 4℃，功率 1 000 W）30 min；4℃，12 000 r/min 离心 5 min，上清液转至新的离心管中。

（3）沉淀重复超声提取步骤，将两步上清液合并于一个离心管中。

（4）将离心管放置于氮气中，待离心管中液体吹干后取出离心管。

（5）向离心管中加入 1 mL 提前预冷的 100%甲醇，将离心管放入超声提取仪（温度 4℃，功率 1 000 W）中，将浓缩的干物质溶解。

（6）将溶解液使用针头式过滤器过滤，后将滤液加入到测样瓶中，置于 4℃冰箱备用。

5. 结果分析

5.1　甘草下胚轴制备

甘草种子在 MS 培养基（不添加激素）中生长 5~7 d 后就可获得健壮无菌苗，使用解剖刀将无菌苗下胚轴切成 1 cm 小段作为外植体，如图 1 所示。

图1　甘草无菌苗

5.2　甘草愈伤组织诱导及分化

30 d后观察记录诱导培养基中甘草下胚轴分化情况（图2）。

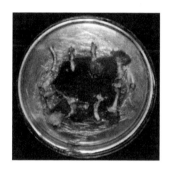

图2　甘草下胚轴分化

5.3　生根培养

将分化出的芽转移至生根培养基（1/2 MS+0.2 mg/L IAA）中，然后置于温度25℃、光强1 500 lx、光照12 h/d的培养箱中，5~10 d再生苗可以生根，20 d可以获得健壮的根系，结果如图3所示。

图3　甘草再生苗生根情况

5.4 甘草再生植株炼苗及移栽

试管苗炼苗后移栽到花盆中,甘草苗叶片会变大、变绿,能更好地适应自然环境,结果如图4所示。

图4 甘草移栽苗

5.5 甘草活性成分提取

使用上文叙述的方法对甘草中的活性成分进行提取。TIC 图见图5。

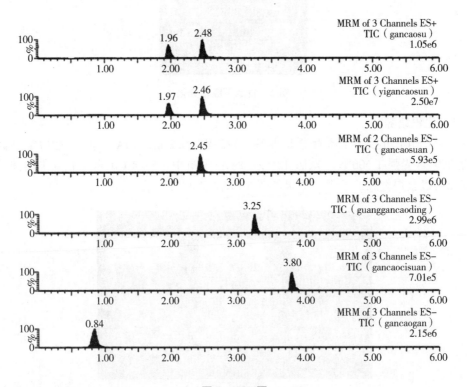

图5 TIC 图

6. 思考题

（1）甘草的再生受哪些因素的影响？

（2）甘草活性成分的含量受到哪些因素的影响？

7. 参考文献

陈红，2018. 植物组织培养技术的现状及发展趋势 [J]. 生物化工（5）：137-139.

陈劲枫，2018. 植物组织培养与生物技术 [M]. 北京：科学出版社.

陈虞超，李晓琳，赵玉洋，等，2021. 珍稀濒危药用植物资源离体保存研究进展 [J]. 世界中医药，16（7）：1018-1030.

范小峰，杨颖丽，郭晓强，等，2009. 乌拉尔甘草不同外植体愈伤组织的诱导及影响因子研究 [J]. 中药材，32（2）：173-176.

计巧灵，2006. 甘草耐盐性愈伤组织的诱导及植株再生研究 [J]. 中草药，37（2）：265-267.

焦艳红，宋艳茹，高述民，2013. 药用甘草组织培养生产黄酮的研究进展 [J]. 植物生理学报，49（1）：13-18.

雷呈，李斐，2010. 胀果甘草胚性愈伤组织的诱导研究 [J]. 第二军医大学学报，31（8）：909-911.

刘晓丹，王琪，赵东昱，2011. 乌拉尔甘草组培快繁技术研究 [J]. 现代农业科技（15）：109-110.

柳福智，蔺海明，李占强，等，2012. 外植体及氮源对甘草愈伤组织诱导的影响 [J]. 草业科学，29（7）：1072-1076.

卢思，2016. 植物组织培养技术及应用 [J]. 科技展望（11）：73.

王彦芹，焦培培，张莉，等，2010. 利用组织培养技术提取甘草黄酮 [J]. 基因组学与应用生物学，29（6）：1111-1117.

杨会琴，李敬，戴翠萍，等，2006. 甘草愈伤组织培养及其代谢产物甘草酸的研究 [J]. 河北师范大学学报（自然科学版），30（3）：346-348.

杨瑞，王礼强，刘颖，2014. 甘草组织培养的研究进展 [J]. 中草药（12）：1796-1802.

杨世海，刘晓峰，果德安，等，2006. 不同附加物对甘草愈伤组织培养中黄酮类化合物形成的影响 [J]. 中国药学杂志，41（2）：96-99.

赵晶，柳福智，蔺海明，2011. 不同外植体对甘草愈伤组织诱导的影响 [J]. 广东农业科学（19）：36-38.

WONGWICHA W, TANAKA H, SHOYAMA Y, *et al*., 2008. Production of glycyrrhizin in callus cultures of licorice [J]. Z Naturforsch, 63：413-417.

实验十五　紫草组织培养及紫草素含量测定

1. 概述

新疆紫草，习称软紫草，属于紫草科药用多年生草本植物，生长于海拔
2 500~4 200 m高山丛林中或向阳坡地，分布于新疆（图1）。新疆紫草的根粗
壮，外表紫红色，作为中药，在《本草纲目》中以解表凉血、清热解毒、活血
化瘀等广谱疗效被列为上品。新疆紫草根中的多种萘醌类色素（紫草宁及其衍
生物）作为其有效成分，外用可以治疗皮肤癌、红斑狼疮、湿疹、带状泡疹和
烧烫伤；内服可用于绒毛膜上皮癌、病毒性肝炎、肺癌及肝癌放化疗的辅助治
疗。另外，因为新疆紫草色素的色价高、附着力强，并具有较强的吸收紫外辐射
的功能，被国际誉为"红色素之王"，所以新疆紫草具有广泛的应用价值。虽然
我国紫草资源较为丰富，但随着人们的大量采集，野生资源已接近枯竭，组织培
养是一种可行的方法，它对于紫草科植物的快速繁殖、种质保存及优良品系的筛
选都具有十分重要的作用。利用组织培养方法快速生产紫草宁及其衍生物以解决
市场的需求，势在必行。

图1　紫草

早在20世纪70—80年代，日本学者Tabata等最早成功诱导出硬紫草的愈伤
组织，并对影响紫草宁及其衍生物产量的条件进行了研究，80年代后期，我国
学者也对紫草的组织培养、紫草素的提取进行了多方面的研究。

紫草素及其衍生物的合成呈非偶联型，即紫草素及其衍生物是在毛状根、悬
浮细胞生长停止后才进行合成的，因此，新疆紫草毛状根或细胞的液体培养采用

"二阶段培养法"，第一阶段以毛状根、悬浮细胞的生物学产量增殖为目的，第二阶段以毛状根、悬浮细胞生产紫草素及其衍生物为目的。

毛状根是发根农杆菌 Ri 质粒诱发的结果，具有生长迅速，分支多，在无激素培养基上能够自主、持续生长，次生代谢产物含量高且稳定的特性，毛状根在液体培养中能迅速生长增殖，又能提高紫草素及其衍生物的含量。

新疆紫草细胞悬浮培养的生长阶段约为 21 d，其中 0~3 d 为细胞生长的延滞期，3~15 d 为细胞的指数生长期，15 d 后进入衰亡期；紫草素合成阶段约为 16 d，接种后细胞就开始迅速合成紫草素，一直持续到 12 d，随后进入平衡期和衰亡期。NO_3^-、可溶性糖的消耗情况可直接体现悬浮细胞的生长情况。电导率和紫草生物量之间有良好的线性相关。因此，可以迅速地通过培养液电导率的测定来预测培养体系中紫草生物量的变化情况。

大孔吸附树脂具有较强的吸附能力，可减弱对产物的反馈抑制，可在紫草素合成时适量添加。

2. 实验目的

本实验通过紫草组织培养及其次生代谢产物检测，掌握细胞悬浮培养、毛状根培养生产次生代谢产物的技术，学会分析次生代谢产物生产过程细胞生长量、毛状根生长量和次生代谢产物量之间的关系。

3. 实验材料、器具和试剂等

3.1　材料

紫草种子、发根农杆菌 MSU440。

3.2　器具

振荡摇床、超净工作台、紫外分光光度计、烘箱、超声波破碎仪、恒温培养箱、高压灭菌锅、离心机、镊子、剪刀、培养皿、三角瓶、量筒、烧杯、电磁炉（或电炉、可加热磁力搅拌器）、万分之一电子天平、pH 仪（或 pH 试纸）、玻璃棒、试剂瓶、喷壶、打火机（或火柴）、称量勺、称量纸、无菌滤纸、纱布等。

3.3　药品及试剂

70%~75%酒精、0.1% $HgCl_2$ 溶液、双氧水（H_2O_2）、1/2 MS 培养基、MS 培养基、YEB 培养基、M9 培养基、SH 培养基、N6 培养基、水解酪蛋白（LH）、$Ca(NO_3)_2 \cdot H_2O$、$CuCl_2 \cdot H_2O$、琼脂粉、激素植物生长调节剂（NAA、IAA、2,4-D、6-BA、KT 等）、无菌水、青霉素钠、头孢噻肟钠、石油醚等。

4. 实验步骤

4.1 器具灭菌及培养基配制

固体培养基添加琼脂 6~7 g/L。

无菌苗培养基：1/2 MS 无 NH_4^++1.0 mg/L NAA+5 g/L 蔗糖

除菌固体培养基：1/2 MS+0~500 mg/L 头孢噻肟钠+15 g/L 蔗糖

毛状根增殖培养基：SH 或 MS 无铵盐+0.5 g/L 水解酪蛋白（LH）+15 g/L 蔗糖，pH 值在 5.8

愈伤组织诱导培养基：MS+0.1 mg/L 2,4-D+0.5 mg/L IAA+0.5 mg/L KT+30 g/L 葡萄糖

愈伤组织增殖培养基：MS+1 mg/L NAA+0.5 mg/L 6-BA+30 g/L 葡萄糖

细胞悬浮培养基：N6+1 mg/L KT+30 g/L 葡萄糖

紫草素合成培养基：M9 + 0.1 mg/L IAA + 1.0 mg/L 6 - BA + 347 mg/L Ca（NO_3）$_2$·H_2O+6.0 mg/L $CuCl_2$·H_2O+1 g/L 水解酪蛋白（LH）+15 g/L 蔗糖

培养基配制、灭菌及器具灭菌方法同实验三。

4.2 无菌苗培养

新疆紫草种子采回晾干置于冰箱中保存。种子使用前先去壳，放入 4℃ 冰箱中 2~3 d 备用。

在超净工作台里把备用的种子倒入灭过菌的空瓶子中，先用 75% 的酒精消毒 1 min，15% 的 H_2O_2 消毒 15 min 或者 0.1% $HgCl_2$ 消毒 8 min，用无菌水清洗 3~4 遍，将种子置于 500 mg/L 的青霉素钠溶液中，封口，放在摇床上振荡 1 h（120 r/min）。接种于无菌苗培养基中，置于 25℃ 恒温箱中暗培养。每瓶 10~25 粒种子。

4.3 发根农杆菌转化

4.3.1 菌株培养

将菌种接于 YEB 固体培养基上，28℃ 暗培养 2 d 后，挑取单菌落于 YEB 液体培养基，28℃、180 r/min 振荡培养 24 h，取对数生长期菌液（A600 为 0.5）用 MS 液体培养基重悬后用于感染。

4.3.2 毛状根的诱导

切取新疆紫草 15 d 苗龄的无菌苗子叶，剪出伤口后接种在 1/2 MS 固体培养基上预培养 2 d，然后用发根农杆菌 MSU440 菌液浸泡感染 10 min，共培养 2 d 后接种在除菌培养基上，7 d 继代 1 次，抗生素（头孢噻肟钠）浓度由 500 mg/L 逐渐降至 0 mg/L，直至无菌为止。MSU440 感染子叶 7~10 d 后，陆续从外植体伤口处产生红色根。

剪取 2~3 cm（称重 m_1）的毛状根转入无抗生素的毛状根增殖培养基上进行

培养，以不感染材料作为对照。

250～500 mL 的锥形瓶内装 100～200 mL 培养液，转速为（120±5）r/min，（25±1）℃（图2）。

图2 紫草毛状根诱导

4.3.3 紫草素合成

称取 3 g（m_1）毛状根，接种于装有 50 mL 紫草素合成培养基中，转速为（120±5）r/min，（25±1）℃。培养 30 d 后测定紫草素及其衍生物的含量（包括毛状根和培养液）。

4.4 紫草细胞悬浮培养

以下培养均以 40 mL 液体培养基（100～150 mL 三角瓶中）进行振荡培养，温度为（25±1）℃，摇床转速 120 r/min，暗培养。

4.4.1 紫草细胞悬浮培养

紫草愈伤组织的接种量为 20 g/L，将紫草愈伤组织压碎分散，接种于细胞悬浮培养基上，振荡悬浮培养，细胞生长的培养周期为 21 d。

4.4.2 紫草素合成

取细胞悬浮液，添加紫草素合成培养基进行悬浮培养。细胞悬浮液的接种量为 7.5%，紫草素合成培养周期为 16 d。

4.5 次生代谢产物检测

4.5.1 生物量干重测定方法

每周取样测定 1 次。

（1）取紫草细胞悬浮培养液 100 mL，用滤纸过滤，将细胞置于烘箱中，55℃烘约 24 h 至恒重，称得其干重，即为生物量（g/L）。

（2）取培养的毛状根用吸水纸吸去表面水分，称重 m_2；于 50℃烘箱中干燥 3 h，粉碎，称重 m_3。

增殖倍数 =（$m_2 - m_1$）/m_1

其中，m_1 为接种时毛状根鲜质量，m_2 为培养一定时间后毛状根鲜质量。

4.5.2 紫草素含量测定方法

（1）绘制标准曲线。

紫草素在520 nm处有最大吸收峰。配制不同浓度的紫草素，溶解在定量（50 mL）的石油醚中，各取1 mL测定不同浓度紫草溶液的$OD_{520\,nm}$值，由此绘制标准曲线，并获得线性方程。例如：

曲线方程为：$c = 187.85 OD_{520\,nm} - 2.09$

其中，c为紫草素石油醚溶液中的紫草素浓度（mg/L），$OD_{520\,nm}$为该测定溶液的吸光度值。

（2）测定紫草素含量。

①培养液紫草素含量测定：

取紫草细胞或毛状根培养液100 mL，3 500 r/min离心20 min，回收的沉淀物为鲜细胞。将鲜细胞转移至三角瓶中，加入一定量（50 mL）的石油醚（沸点30~60℃），悬浮细胞的三角瓶放入超声波中进行细胞破碎，然后在室温下振荡（110 r/min）提取24 h。提取适量（1 mL）提取液，测定OD_{520}值，再根据标准曲线计算出悬浮细胞或毛状根培养液中的紫草素浓度（mg/L）。采用下列公示计算紫草素产量。

$$紫草素产量（mg/L）= \frac{紫草素浓度（mg/L）\times 0.05L}{0.1L}$$

②毛状根紫草素含量测定：

取培养一定时间的毛状根，于50℃烘箱中干燥3 h，粉碎，称重m_3，精密称取0.5 g，置50 mL容量瓶中，加入石油醚（沸点30~60℃）定容，4 h内不断振摇，过滤，精密吸取滤液5 mL于25 mL量瓶中，加石油醚稀释至刻度，摇匀。吸取适量（1 mL）提取液，测定OD_{520}值，再根据标准曲线计算出细胞中的紫草素浓度（mg/L）。

$$毛状根紫草素（g/g）= \frac{紫草素浓度（mg/L）\times 0.025L \times 0.05L \times m_3}{1\,000\,mg/g \times 0.005L \times 0.5g \times m_2}$$

5. 注意事项

（1）注意严格无菌操作。

（2）紫草细胞生长和紫草素合成分步进行，注意每个阶段不同的培养基、细胞的接种量及培养周期。

（3）紫草素含量测定时，标准曲线的绘制要在线性范围内，并与实际紫草素含量相当，即紫草素标准溶液配制的浓度不能过高，也不能过低。

（4）细胞或毛状根干重的测量，对悬浮细胞、毛状根要进行充分烘干，质量恒定后方为细胞干重。

6. 实验报告及思考题

6.1 实验报告

（1）记录紫草悬浮细胞、毛状根生长过程中生物量的变化及紫草产量的变化。

（2）撰写报告、分析实验结果。

6.2 思考题

（1）紫草细胞悬浮培养的关键点是什么？

（2）查阅文献总结提高紫草素的方法。

7. 参考文献

李永和，聂继红，2014. 新疆常见药用植物［M］. 乌鲁木齐：新疆人民卫生出版社.

郗浩江，葛素囡，王芳，2013. 新疆紫草组织培养中试管苗玻璃化的控制与修复［J］. 新疆师范大学学报：自然科学版，（1）：5.

朱国强，廖菁，李晓瑾，等，2013. 新疆紫草科药用植物资源及分布概述［J］. 中国现代中药，15（4）：291-294.

实验十六　新疆雪莲的组织培养

1. 概述

天山雪莲 [*Saussurea involucrata* (Kar. et Kir.)] 又名新疆雪莲，大苞雪莲，菊科 (Compositae) 菜蓟族 (Trib. Cynareae Less.) 风毛菊属 (*Saussurea* DC.) 雪莲亚属，多年生高山草本植物，是新疆特有的名贵药用植物。天山雪莲主要生长于天山山脉海拔 3 000~4 000 m 的悬崖峭壁上，气候极寒，终年积雪不化，最高的月平均气温仅为 3~5℃，最低的月平均气温低达−21~−19℃。雪莲适应这种极端严寒的自然环境，能在 0 ℃左右发芽生长，5~7 年长成，株高 2~48 cm，茎粗壮直立，地下根发达且坚韧，是自然生长于高海拔雪山严寒条件下的特殊生境植物。

图 1　雪莲

自古以来天山雪莲都是传统的名贵中药材，在《本草纲目拾遗》《中华本草》《中华藏本草》《藏药志》《中国药典》等多部传统医学名著均有记载，具有温肾助阳、通络活血、祛风除湿、清热解毒的作用。天山雪莲中富含多糖、黄酮、生物碱、雪莲内酯、酚酸类和半萜类化合物、苯丙素类化合物等多种活性成分，药理活性多样，具有极大的开发利用价值。其生境特异，自然分布少，繁殖率低且生长缓慢，20 世纪以来人们的大量开采，对其繁衍造成严重破坏，目前野生雪莲已濒临灭绝。天山雪莲的稀有性与药用价值，使其具有极为广阔的市场前景。人们开始进行人工繁殖培养，但由于种子萌发率低，存活率低，生长缓慢，人工栽培一直受到很大限制，难以大规模快速培养。利用植物组织培养技术，建立天山雪莲的高效再生培养体系，对于雪莲活性成分开发及生物资源保护具有重要价值。

天山雪莲中富含黄酮、多糖、生物碱、倍半萜类物质等多种生物活性成分，具有极高的药用价值。黄酮有"液体黄金"之称。天山雪莲中富含多种黄酮类物质，其开发利用被广泛研究。黄酮是植物生长过程中的次生代谢产物，其含量积累与植物生长状况密切相关。黄酮在植物体内主要是发挥清除自由基、抗氧化的作用，是自然界中存在的具有较高抗氧化活性的物质。研究表明黄酮类物质具有较强的体外抗氧化活性，具有一定的药理作用。在钟旭美等的研究中发现对春砂仁总黄酮提取物的抗氧化活性甚至要强于维生素 C。蒙萍等关于天山雪莲总黄酮抗氧化活性的研究实验也证明雪莲黄酮具有较强的体外自由基清除能力及抗氧化活性，是一种具有较高研究价值的天然抗氧化物质。此外，除了抗氧化活性外，黄酮的抑菌活性也被广泛关注研究。如刘晓飞等对甜玉米穗轴中黄酮类物质的抑菌性进行了研究，发现其对白葡萄球菌、大肠杆菌和枯草芽孢杆菌均有明显的抑制作用。研究表明雪莲内黄酮类物质主要有芦丁、槲皮素、鼠李糖苷、泽兰黄素、山奈酚等单体成分，具有较强的抗氧化活性与抑菌性，具有抗炎、杀菌、抗肿瘤等药用作用。

2. 实验目的

（1）通过本实验的学习掌握天山雪莲组织培养的技术，熟悉外植体消毒、愈伤组织诱导和增殖、植株再生的方法。

（2）掌握天山雪莲黄酮类物质类型及作用，熟悉雪莲黄酮类物质提取方法。

3. 实验仪器、材料和试剂

3.1 主要仪器

高压蒸汽灭菌锅、pH 计、广口瓶、培养皿、镊子、手术刀、剪刀、移液器、超净工作台、恒温光照培养箱、紫外-分光光度计、摇床、精确天平、低温超速离心机、真空冷冻干燥机等。

3.2 材料

天山雪莲叶片组织。

3.3 试剂

75%的乙醇溶液、10% 过氧化氢、无菌水、MS 培养基、琼脂粉、琼脂条、水解乳蛋白、脯氨酸、6-BA、NAA、2,4-D、60%的乙醇溶液、芦丁、5%亚硝酸钠、10% 氢氧化钠溶液、10%硝酸铝溶液。

4. 实验步骤

4.1 培养基及试剂

（1）基本培养基。MS 培养基（调节 pH 值到 5.8~6.2）固体培养基加 0.7% 的琼脂粉/琼脂条。高压蒸汽灭菌 121℃，15 min。

（2）愈伤组织诱导培养基。MS + 水解乳蛋白（0.5 g/L）+ 脯氨酸（0.5 g/L）+6-BA（2.0 mg/L）+NAA（0.15 mg/L）+2,4-D（0.15 mg/L）。

（3）芽诱导培养基。MS+水解乳蛋白（0.5 g/L）+脯氨酸（0.5 g/L）+6-BA（2.0 mg/L）+NAA（0.15 mg/L）。

（4）生根诱导培养基。1/2 MS 培养基。

（5）其他试剂。60% 的乙醇溶液、5% 亚硝酸钠、10% 氢氧化钠溶液、10% 硝酸铝溶液。

4.2 雪莲组织培养

4.2.1 外植体消毒与愈伤组织诱导

（1）挑选幼嫩、无破损明显伤口的雪莲叶片组织，流水冲洗 3 h。

（2）在超净工作台内，用 75% 的乙醇溶液，消毒 30 s 后，无菌水冲洗 3~5 次，每次 5 min。

（3）10% 过氧化氢消毒 15 min，无菌水冲洗 6~8 次，每次 5 min。

（4）将消毒好的叶片剪成 0.5 cm×0.5 cm 左右大小，伤口整齐。

（5）将剪好的叶片放置在愈伤组织诱导培养基上。20℃，16 h 光照 8 h 黑暗培养，20 d 继代 1 次。

4.2.2 再生苗的诱导

愈伤组织诱导 20~30 d，可见叶片组织脆嫩膨大，叶片两端切口处出现大量淡绿色偏黄色，松散的愈伤组织。此时可将愈伤组织转移至芽诱导培养基进行再生苗的诱导，20℃，16 h 光照 8 h 黑暗培养。每 20 d 继代 1 次。颜色发黑或发白的愈伤组织弃之不用。

当愈伤组织团块上出现雪莲幼芽，在超净工作台中用镊子将幼芽小心地从愈伤组织剥落下来，根部插入芽诱导培养基。再生芽逐渐生长旺盛，长成丛状芽。每 20 d 继代 1 次。

4.2.3 再生苗生根培养

将长势良好、生长旺盛的丛状芽从芽诱导培养基转移至生根诱导培养基，10 d 左右，丛生芽生长出细嫩的根系，继续培养待根系生长发达后炼苗。

4.2.4 再生苗移栽

在根系生长发达的再生苗培养瓶中先加入一部分自来水，轻轻掩盖瓶口，3 d 后更换瓶中的自来水，打开瓶盖，待瓶中的再生苗长出新叶即可进行移栽。

移栽时应洗净再生苗根部的培养基，注意不要弄断根系，种植在蛭石：细沙（3：1）的基质中，浇水定根，地膜覆盖保湿，20℃，环境湿度 70%~80%，8 h 光照 16 h 黑暗培养，植物恢复生长后去除地膜，正常培养。

4.3　雪莲黄酮提取及含量测定

4.3.1　样品预处理

选择生长健壮且形态较为一致的雪莲组培苗，将组培苗于真空冷冻干燥机中冷冻干燥，研磨粉碎，用于雪莲总黄酮提取及含量测定。

4.3.2　黄酮类化合物的提取

称取冷冻干燥的雪莲粉末 0.2 g，加入 60% 的乙醇溶液 10 mL（料液比 1：50），于锥形瓶中，28℃，160 r/min 振荡提取 24 h，离心取上清液，定容至 25 mL 即为雪莲总黄酮提取液。

4.3.3　雪莲总黄酮含量的测定

采用比色法，以芦丁为标准品进行总黄酮含量的测定。吸取提取液 2 mL 加入 0.3 mL 5% 亚硝酸钠，摇匀，放置 6 min，再加入 0.3 mL 10% 硝酸铝溶液，摇匀，放置 6 min，最后加入 10% 氢氧化钠溶液 4 mL，使用蒸馏水将反应液定容至 10 mL，混匀，静置反应 15 min，于 510 nm 处进行吸光度检测。标准曲线使用芦丁标准品参照相同实验方法获得。

黄酮含量以每克干样中所含总黄酮的毫克数表示。

$$黄酮含量（mg/g）= \frac{y \times v_1}{v_2 \times w} \times v_3$$

其中，y 为黄酮反应液浓度（mg/mL）；v_1 为反应液总体积单位；v_2 为测定用样品液体积单位；v_3 为提取液总体积单位；w 为样品干重（g）。

5. 结果分析

5.1　愈伤组织诱导及再生苗诱导效率的统计

外植体消毒过程中很容易对幼嫩组织造成伤害，导致无法正常产生愈伤组织。同时切口的整齐度、组织的状态都会影响愈伤组织诱导效果。愈伤组织具有多种质地。不同的愈伤组织其生长能力、生长速度、分化效率都有所差异。在实验过程中需及时观察统计了解不同类型愈伤组织增殖及分化的效率，从而在继代过程中选择优良的组织进行后续的培养，提高效率。

5.2　再生苗移栽成活率

由于天山雪莲独特的生境，其人工栽培极其困难，同时组培苗的移栽也存在较大的难度。首先其移栽基质需尽可能符合其生境环境，透气疏松。其次在移栽过程中需严格控制环境条件（温度湿度等）。不同生长状态的组培苗移栽存活效率也有所不同，应选择生长旺盛、根系发达的组培苗进行移栽（图2，图3）。

图 2　雪莲外植体

图 3　雪莲再生苗移栽

5.3　雪莲黄酮含量测定

　　不同物种其黄酮类物质含量与主要成分存在较大差异，其药理活性也存在一定的差异。植物生长过程中环境条件也会对黄酮含量造成影响。光照、温度等环境因子可影响黄酮代谢途径中关键酶的合成，进而造成黄酮含量及种类发生差异，寻找有利于雪莲黄酮积累的培养条件，提高其产量，寻找获得具有更强药理活性的黄酮类提取物，具有重要研究意义和开发价值。

6. 思考题

　　（1）在外植体消毒过程中，如何选择合适的消毒试剂？
　　（2）雪莲黄酮类物质成分主要有哪些？

7. 参考文献

　　贾丽华，郭雄飞，贾晓光，等，2016. 天山雪莲的开发与应用 [J]. 新疆中
　　　　医药，34（1）：126-128.

李燕，郭顺星，王春兰，等，2007. 新疆雪莲黄酮类化学成分的研究［J］. 中国药学杂志（8）：575-577.

闫荷露，何兰玉，应雪，等，2018. 基于系统药理学对天山雪莲活性成分的预测［J］. 中国实验方剂学杂志，24（13）：166-171.

姚凌云，赵兵，袁晓凡，等，2009. 珍稀濒危天山雪莲资源的开发利用［C］//药用植物化学与中药资源可持续发展学术研讨会论文集（上）.

实验十七 罗布麻组织培养及其药用物质的提取

1. 概述

罗布麻（*Apocynum venetum* L.）又名野麻、茶叶花、泽漆麻、奶子草等，是多年生宿根半灌木植物，也是生长在我国北方盐碱、沙荒地和河滩地的一种抗逆性很强的多年生宿根草本植物，为野生高级纤维植物。罗布麻可药用，也是一种良好的蜜源植物。由于罗布麻生境、气候环境等条件不断恶化，致使资源越来越匮乏，不宜大规模开发利用，限制了罗布麻这一重要资源的开发。因此，利用组织培养技术，研究以罗布麻愈伤组织为材料，生产重要的次生代谢药效成分具有重要的现实意义。

罗布麻的离体快速繁殖就是利用植物组织培养技术，在适宜的培养基和培养条件下，对其外植体进行离体培养，短期内获得遗传性状一致的大量再生植株的方法。以罗布麻叶片作为外植体，运用组织培养的方法，通过器官发生途径获得再生植株。继代增殖培养时以 MS 培养基为基础培养基，添加不同种类及不同浓度的生长素和细胞分裂素进行增殖培养，获得大量试管苗时从基部切下来转入生根培养基中进行生根培养。

通过改变培养条件，可以促进罗布麻愈伤组织中金丝桃苷和异槲皮苷的积累，为进一步以罗布麻愈伤组织为材料，工业化生产金丝桃苷和异槲皮苷这 2 种重要的药效成分奠定基础。

2. 实验目的

掌握罗布麻组织培养过程中外植体的选择和灭菌技术，了解接种过程中应注意的事项。了解组织培养过程中外植体污染的原因、褐化及玻璃化产生的原因以及如何防止这些现象产生的措施。

3. 实验材料及用具

3.1 实验材料

罗布麻无菌苗叶片。

3.2 实验药品

MS 基本培养基、6-BA、NAA、GA3、NaOH、HCl、洗衣粉液、0.1%氯化

汞、次氯酸钠、过氧化氢、75%酒精、灯用酒精、蔗糖、琼脂等。

3.3 培养基配制

（1）种子萌发培养基（M1）。1/2 MS+20 g/L 蔗糖+7.5 g/L 琼脂，pH 值调至 5.8~6.0。

（2）愈伤组织诱导培养基（M2）。MS+2.0 mg/L 6-BA+0.03 mg/L NAA+30 g/L 蔗糖+7.5 g/L 琼脂，pH 值调至 5.8~6.0。

（3）愈伤组织分化培养基（M3）。MS+0.5 mg/L 6-BA+0.05 mg/L NAA+30 g/L 蔗糖+7.5 g/L 琼脂，pH 值调至 5.8~6.0。

（4）丛生芽诱导培养基（M4）。MS+1.0 mg/L 6-BA+0.05 mg/L NAA+30 g/L 蔗糖+7.5 g/L 琼脂，pH 值调至 5.8~6.0。

（5）芽苗繁殖培养基（M5）。MS+0.2 mg/L 6-BA+0.5 mg/L GA3+20 g/L 蔗糖+7.5 g/L 琼脂，pH 值调至 5.8~6.0。

（6）生根培养基（M6）。1/2 MS+0.1% 活性炭+20 g/L 蔗糖+7.5 g/L 琼脂，pH 值调至 5.8~6.0。

3.4 实验用具

超净工作台、高压蒸汽灭菌锅、蒸馏水器、pH 计、接种工具灭菌器、天平、酒精灯、剪刀、弯头镊子、试管、1.5 mL EP 管、培养皿、三角瓶、低温冰箱、烧杯、移液管、量筒、酒精缸、记号笔、封口膜、火柴、线绳等。

4. 实验步骤

4.1 外植体的灭菌

（1）叶片或茎段。晴天上午剪取罗布麻健康母株上的幼嫩枝条，用剪刀将枝条上的叶片从叶柄处剪下，枝条剪成数个小段。将适量的叶片或茎段放入烧杯，用一层纱布盖上杯口，并用橡皮筋将纱布扎紧，流水冲洗 1~2 h，然后用镊子把材料转入三角瓶中，置超净工作台上。在超净工作台上，向三角瓶中加入适量（完全浸泡材料）75%酒精，浸泡 30 s。倒掉酒精，无菌水漂洗后加入 0.1% 氯化汞（淹没材料为准），浸泡杀菌 8 min。浸泡过程中要经常摇动三角瓶，以充分杀菌。然后将氯化汞溶液倒入专用容器中，防止氯化汞污染。用无菌水浸洗材料 4~6 次，以彻底除去残留的氯化汞。

（2）种子。将罗布麻成熟种子置于 1.5 mL EP 管中，蒸馏水浸泡 20 min，弃去上浮粒，倒掉水。在超净工作台上，将 75%酒精注入 EP 管中，浸泡 30 s。倒掉酒精，无菌水漂洗后加入 1%过氧化氢或次氯酸钠，以淹没种子为宜，并不断摇晃。10 min 后将过氧化氢或次氯酸钠倒掉，无菌水冲洗 4 次。

4.2 接种

（1）将灭菌后的罗布麻叶片从三角瓶中分批取出，放在无菌滤纸上，用接种刀把叶片的切口处切除约 0.5 cm，防止切口处残留的氯化汞对叶片产生毒害。再用接种刀将叶片切割成约 0.5 cm 的小块。用镊子小心地夹住罗布麻的叶片接种到预先配制好的 M2 培养基上。

（2）将灭菌后的罗布麻种子用镊子从三角瓶中取出，放在无菌滤纸上，然后接种到预先配制好的 M1 培养基中。

4.3 愈伤组织的诱导与分化

（1）叶片。接种到了 M2 培养基中的罗布麻叶片或茎段于 25~28℃ 的黑暗条件下进行培养，以诱导愈伤组织。经过约 14 d，叶片周围密生绿色或淡黄色愈伤组织。挑取新鲜的、活力旺盛的愈伤组织接种到 M3 培养基中于光下培养，培养约 30 d，绿色或淡黄色愈伤组织逐渐变为绿色，并分化出芽。

（2）种子。将种子萌发 7 d 后的苗用镊子取出。用接种刀分别切取下胚轴及子叶并接种到 M2 培养基上，黑暗条件下培养以诱导愈伤组织；30 d 后挑取新鲜的、活力旺盛的愈伤组织接种到 M3 培养基上。遮光条件下培养 10 d 左右，再转到光下培养诱导芽的形成。

4.4 芽苗的繁殖

用接种刀轻轻地切下愈伤组织上的罗布麻芽苗，接种到 M4 培养基中；或者将消毒后的罗布麻叶片或茎段直接接种到 M4 培养基中以诱导出丛生芽，培养 15 d 左右，切口处可以着生丛生芽，培养 20 d 后转移到 M5 培养基中，即可获得大量的、健壮的、生长旺盛的芽苗。

4.5 生根培养

选择生长正常、苗龄一致的罗布麻芽苗，用镊子轻轻地夹取并接种到 M6 培养基上，培养 7 d 左右小苗基部抽生白色根，14 d 后芽苗生长明显，茎粗壮，叶片浓绿，根系发达。

4.6 移栽

选择健壮、整齐度一致、根系发达的完整再生植株进行移栽。移栽前先打开瓶口在自然光环境下炼苗 3~5 d，然后将小苗取出，将植株基部培养基洗净，小苗的根可用 1 g/L 多菌灵溶液浸泡 30 s，再移栽到蛭石、黄心土和河沙的混合基质中。移苗初期可用塑料薄膜覆盖来保湿，3~4 d 后可揭开薄膜通风。

4.7 药用成分提取

4.7.1 对照品溶液的制备

精密称取金丝桃苷、异槲皮苷对照品各 20 mg，用 80% 甲醇定容至 10 mL（色谱条件），制成质量浓度为 0.2 mg/mL 的对照品溶液。

4.7.2 线性关系考察

分别取上述金丝桃苷、异槲皮苷对照品溶液 0.5 mL、2.5 mL、5 mL、7.5 mL、10 mL，用 80% 甲醇定容至 10 mL（色谱条件），按照上述色谱条件取 20 μL

进样进行测定，以峰面积与质量浓度（x）绘制工作曲线，确定线性关系。

4.7.3 罗布麻愈伤组织待测样品准备

收集的愈伤组织在培养箱中 30℃ 干燥至恒定质量，粉碎过 40 目筛，得粗粉备用。

4.7.4 罗布麻愈伤组织中金丝桃苷和异槲皮苷的精确测定

称取粗粉 0.10 g，准确加入 80% 甲醇 1.0 mL，于 40℃，60 W，超声提取 40 min，12 000 r/min 离心 5 min，取上清，过 0.22 μm 滤膜，即得供试品溶液，按上述色谱条件测定金丝桃苷和异槲皮苷。

5. 结果分析

5.1 初代培养

不同的消毒剂在初代培养很容易对种子造成伤害，导致种子无法正常发芽。幼苗的生长情况也会影响后期愈伤组织的诱导效果。

图 1 罗布麻外植体

图 2 罗布麻愈伤组织

5.2 愈伤组织诱导

愈伤组织有松散型和致密型，不同类型的愈伤组织生长能力、生长速度、分化效率都有所差异。在实验过程中需及时观察统计了解不同类型愈伤组织增殖及分化的效率，从而在继代过程中选择优良的组织进行后续的培养，提高效率。

5.3 金丝桃苷和异槲皮苷含量测定

不同激素组合显著影响愈伤组织中金丝桃苷和异槲皮苷的含量，药理活性也存在一定的差异。如何获得大量的愈伤组织，提高愈伤组织中金丝桃苷和异槲皮苷含量，具有重要研究意义和开发价值。

6. 思考题

(1) 罗布麻组织培养过程中应注意哪些事项？

(2) 外植体消毒时应注意哪些？如何减少外植体污染？

(3) 查阅文献，列举罗布麻组织培养的应用及其意义。

7. 参考文献

陈翠花，周永逸，薛佳，等，2023. 基于 HPLC 的罗布麻与白麻不同部位活性成分比较分析 [J]. 中国现代中药，25（5）：1010–1019.

李瑶，黄国庆，孙尧，等，2015. 罗布麻愈伤组织诱导和植株再生研究 [J]. 黑龙江科学，6（5）：15–17.

刘萍，2011. 罗布麻嫩茎诱导分化培养基的筛选 [J]. 北方园艺（21）：115–116.

刘小锐，计巧灵，2009. 罗布麻组织培养及发状根的诱导 [J]. 中国麻业科学，31（6）：344–349.

刘晓晨，曹君迈，陈彦云，等，2012. 罗布麻外植体的筛选及愈伤组织诱导 [J]. 黑龙江农业科学（9）：24–27.

韦琴，刘清怡，范康俊，等，2023. 荷叶和罗布麻总黄酮的富集纯化工艺研究 [J]. 粮食与油脂，36（3）：81–84，88.

魏书琴，2010. 罗布麻种子的组织培养 [J]. 湖北农业科学，49（10）：2353–2355.

张娟，冯春艳，卿德刚，等，2023. 白麻叶和罗布麻叶的化学成分与抗炎活性比较研究 [J]. 药物评价研究，46（4）：711–720.

实验十八　柽柳组织培养及抗逆性评价

1. 概述

柽柳（*Tamarix chinensis* L.），隶属于石竹目（Caryophyllanae）柽柳科（Tamaricaceae），灌木或小乔木，广泛生长在荒漠地区盐碱地中，具有耐高温、抗干旱、耐贫瘠、抗盐碱、耐风蚀、抗沙埋等特点（图1）。柽柳为典型的荒漠植物，生态适应性强，生态幅度宽泛，较好地适应了荒漠极端环境，是荒漠防治、保护绿洲、改善沙漠气候的重要植物种来源。柽柳还是荒漠植被的重要组成部分，是荒漠生态植被关键建群种，对维持荒漠生态系统稳定具有重要作用，在恢复绿洲生态和环境保护建设中扮演着极其重要的角色，因而具有独特的资源价值和重要的生态效益。

图1　柽柳

柽柳作为多年生的木本植物，种子繁殖育苗较为缓慢，效率低下难以满足绿化造林对柽柳种苗的需求。若用扦插育苗，不仅对插穗的要求较严格，而且繁殖系数低，成本也较高。组织培养技术属于无性繁殖技术，在实现快速繁殖的同时，还可避免植株发生性状分离与变异，为加速植物的繁殖提供了有效途径。因而柽柳组织培养体系的建立将大大加快柽柳种苗繁育速度和应用范围，为该物种在荒漠区大量推广种植提供技术支撑。

柽柳组织培养过程大体分为5个阶段：① 外植体培育；② 愈伤组织诱导；③ 不定芽诱导增殖；④ 无根幼苗生根培养；⑤ 植株再生与抗逆性评价。

本实验主要参考柽柳组织培养相关文献，以长穗柽柳和刚毛柽柳为例，介绍柽柳组织培养过程及方法。

2. 实验目的

通过本实验的学习掌握柽柳组织培养的原理，熟悉外植体的培育、愈伤组织的诱导、不定芽的增殖、无根幼苗的根系形成及植株再生的方法。

3. 实验仪器、材料和试剂

3.1 主要仪器

超净工作台、光照培养箱、pH 测定仪、灭菌锅、三角瓶、培养皿、滤纸、镊子、剪刀、移液器、消毒套管等。

3.2 材料

柽柳属植物种子（短穗柽柳、长穗柽柳、刚毛柽柳、沙生柽柳等，任选一种）。

3.3 试剂

（1）75%的酒精（C_2H_5OH）。

（2）MS 基本培养基（表 1 至表 4）。

表 1　MS 大量元素（母液 I）配方

药品	质量浓度/(g/L)	备注
NH_4NO_3	33	单独溶解
KNO_3	38	单独溶解
$MgSO_4 \cdot 7H_2O$	7.4	单独溶解
KH_2PO_4	3.4	单独溶解
$CaCl_2 \cdot 2H_2O$	8.8	单独溶解，最后加入

表 2　MS 微量元素（母液 II）配方

药品	质量浓度/(g/L)	备注
H_3BO_3	12.4	加热助溶
$MnSO_4 \cdot 4H_2O$	46	
$ZnSO_4 \cdot 7H_2O$	17.2	
$CoCl_2 \cdot 6H_2O$	0.05	
$CuSO_4 \cdot 5H_2O$	0.05	单独溶解，最后加入

（续表）

药品	质量浓度/（g/L）	备注
KI	1.66	
$NaMO_4 \cdot 2H_2O$	0.5	

表3　MS铁盐（母液Ⅲ）配方

药品	质量浓度/（g/L）	备注
$FeSO_4 \cdot 7H_2O$	5.56	单独溶解，加热助溶
$Na_2EDTA \cdot 2H_2O$	7.46	单独溶解，加热助溶

表4　MS有机物（母液Ⅳ）配方

药品	质量浓度/（g/L）	备注
维生素 B_1（盐酸硫胺素）	10	
维生素 B_6（盐酸吡哆醇）	1	NaOH助溶
维生素 B_5（烟酸）	1	NaOH助溶

（3）葡萄糖、蔗糖、琼脂、植物激素（6-BA、IBA、NAA、2,4-D）等。

4. 实验步骤

4.1　培养基配制

（1）按表5配制无菌苗萌发培养基。

表5　无菌苗萌发培养基配方

试剂	加入量
MS大量元素（母液Ⅰ）	20 mL
葡萄糖	10 g

加蒸馏水定容到1.0 L，将pH值调到6.5~6.8，称取4.5 g琼脂煮沸溶解，混匀后分装三角瓶中，高温高压灭菌

（2）按表6配制愈伤组织诱导培养基。

表6　愈伤组织诱导培养基配方

药品	加入量
MS	1.0 L

（续表）

药品	加入量
6-BA	1.5 mg
IBA	0.3 mg
蔗糖	30 g
琼脂	4.5 g

培养基 pH 值调至 5.8~6.0，激素在培养基煮开前加入；根据柽柳种类差异和外植体选择差异适当微调激素

（3）按表 7 配制不定芽诱导培养基。

表 7　不定芽诱导培养基配方

药品	加入量
MS	1.0 L
6-BA	1.5 mg
NAA	0.05 mg
蔗糖	30 g
琼脂	4.5 g

培养基 pH 值调至 5.8~6.0，激素在培养基煮开前加入；根据柽柳种类差异和外植体选择差异适当微调激素

（4）按表 8 配制不定芽增殖培养基。

表 8　不定芽增殖培养基配方

药品	加入量
MS	1.0 L
6-BA	3.0 mg
2,4-D	0.5 mg
蔗糖	30 g
琼脂	4.5 g

培养基 pH 值调至 5.8~6.0，激素在培养基煮开前加入；根据柽柳种类差异和外植体选择差异适当微调激素

（5）按表 9 配制无根幼苗生根培养基。

表 9　无根幼苗生根培养基配方

药品	加入量
MS	1/2 MS，1.0 L

（续表）

药品	加入量
CaCl$_2$	1/2 CaCl$_2$，4.4 g
IBA	3.0 mg
蔗糖	30 g
琼脂	4.5 g

培养基 pH 值调至 5.8~6.0，激素在培养基煮开前加入；根据柽柳种类差异和外植体选择差异适当微调激素

4.2　柽柳组织培养

4.2.1　无菌苗的培养

将柽柳种子放入带有微小细孔的无菌圆柱形内管中，再将装有种子的圆柱形内管放入圆柱形外管，并在内管中加入 1~1.5 mL 75% 酒精，消毒 30~60 s；然后取出内管，并通过微小细孔沥干酒精；再通过同样方式用无菌水洗涤 3~5 遍。用灭菌的镊子将已消毒的柽柳种子接种于无菌苗培养基中，封口，瓶上写明品种、日期等信息。将培养瓶放入光照培养箱中培养育苗，培养条件：（24±2）℃，光强 2 000~2 500 lx、光照时间 12 h/d，待无菌苗长到三角瓶瓶口高度可用于外植体愈伤组织诱导。

4.2.2　愈伤组织的诱导

打开灭菌好的含有滤纸的大培养皿，把无菌苗拔出放入滤纸上，用解剖刀将无菌苗切成 0.3~0.5 cm 小段，整齐排布于诱导培养基中，用封口膜将培养皿封两道，放入光照培养室中进行愈伤组织诱导，培养条件：（24±2）℃，光强 2 000~2 500 lx、光照时间 12 h/d。

4.2.3　不定芽的诱导增殖

待愈伤组织开始长出，选择质地松散、较软、颜色淡绿的愈伤组织，切成 0.3~0.5 cm^3 小块，接种到不定芽诱导培养基中诱导胚胎发育；将长势良好的不定芽转接至增殖培养基中进行增殖培养，培养条件：（24±2）℃，光强 2 000~2 500 lx、光照时间 12 h/d。

4.2.4　无根幼苗的生根培养

挑选剪切增殖培养后长势良好的无根幼苗转接入生根培养基中进行生根培养，诱导再生苗根系生长，从而增强再生苗移栽的存活率，培养条件：（24±2）℃，光强 2 000~2 500 lx、光照时间 12 h/d。

4.2.5　再生苗移栽

当再生苗长出发达的根系，植株较为健壮时，经适当炼苗，拔出再生苗，洗去根部培养基，移栽到营养钵基质中定植培养。

4.3 抗逆性评价

观察营养钵中定植苗生长状况，开展耐盐、耐旱实验，评价再生苗的抗逆性。

设置不同盐浓度、PEG 浓度，模拟逆境进行不同生理生化指标测定。

5. 结果分析

（1）观察愈伤组织诱导过程中的污染情况，判断属于何种污染。

（2）观察愈伤组织的色泽、硬度、表面状态及生长速度，统计愈伤组织诱导率（已诱导出愈伤组织的外植体数/接种的外植体总数×100）。

（3）观察不定芽的诱导和增殖，统计不定芽诱导率（已诱导出不定芽的愈伤组织块数/接种的愈伤组织总块数×100）和增殖率（增殖的不定芽数/接种的不定芽总数×100）。

（4）观察无根幼苗的生根和再生植株的生长，统计生根率（已生根的不定芽数/接种的不定芽总数×100）和再生植株率（再生植株总数/接种的外植体总数×100），测量再生苗的高度和根长度。

6. 思考题

（1）柽柳组织培养再生受哪些因素的影响？
（2）柽柳愈伤组织易褐化的原因与防止方法有哪些？

7. 参考文献

柴成武，王方琳，马俊梅，等，2018-10-30. 一种柽柳快速生根培养基及柽柳组织培养方法：CN106550872B［P］.

巩振辉，申书兴，2013. 植物组织培养［M］. 北京：化学工业出版社.

郭勇，2016. 柽柳组织培养及 ThERF4 基因抗逆功能分析［D］. 哈尔滨：东北林业大学.

韩琳娜，周凤琴，2010. 柽柳一步成苗离体培养技术［J］. 湖北农业科学，49（11）：2629-2632.

李秀霞，2014. 植物组织培养［M］. 沈阳：东北大学出版社.

乔梦吉，2007. 柽柳离体培养体系的建立及耐盐性研究［D］. 北京：北京林业大学.

宿炳林，2015. 柽柳的组织培养研究［J］. 山西农业科学，43（12）：1589-1590.

王方琳，尉秋实，柴成武，等，2021. 长穗柽柳（*Tamarix elongata*）组织培养及植株再生研究［J］. 干旱区资源与环境，35（6）：176-181.